居民安全应急
常识手册
（城市版）

JUMIN ANQUAN YINGJI CHANGSHI SHOUCE
（CHENGSHI BAN）

庄清发　编著

U0385871

中山大学出版社
SUN YAT-SEN UNIVERSITY PRESS
·广州·

版权所有　翻印必究

图书在版编目（CIP）数据

居民安全应急常识手册：城市版/庄清发编著. —广州：中山大学出版社，2021.6

ISBN 978 – 7 – 306 – 07208 – 5

Ⅰ．①居…　Ⅱ．①庄…　Ⅲ．①居民—安全教育—手册　Ⅳ.①X924 – 62

中国版本图书馆 CIP 数据核字（2021）第 085385 号

出 版 人：王天琪
策划编辑：吕肖剑
责任编辑：靳晓虹
封面设计：林锦华
漫画设计：庄清发（文案）
　　　　　刘曼莹（绘图）
　　　　　刘昱聪（绘画）
责任校对：叶　枫
责任技编：何雅涛
出版发行：中山大学出版社
电　　话：编辑部 020 – 84110283，84111996，84111997，84113349
　　　　　发行部 020 – 84111998，84111981，84111160
地　　址：广州市新港西路 135 号
邮　　编：510275　　　　传　真：020 – 84036565
网　　址：http://www.zsup.com.cn　　E-mail:zdcbs@ mail. sysu. edu. cn
印 刷 者：广州市友盛彩印有限公司
规　　格：787mm×1092mm　1/16　8.25 印张　103 千字
版次印次：2021 年 6 月第 1 版　　2021 年 6 月第 1 次印刷
定　　价：36.00 元

如发现本书因印装质量影响阅读，请与出版社发行部联系调换

内容简介

《居民安全应急常识手册》（城市版）为城市居民系统地介绍了城市交通、乘坐电梯、大型群众性活动、家居防火、家居用电、燃气使用、防台风、防暴雨、防雷、森林防灭火、公共卫生、燃放烟花爆竹、旅游等相关方面的安全应急常识。本书以一问一答的形式，图文并茂地向读者介绍城市安全应急常识。并以漫画的形式引入本书的人物：安爷爷、全奶奶、安爸、全妈、安安、全全等。

本书具有较强的可读性、针对性、可操作性，实用且通俗易懂，适合广大城市居民及安全应急管理人员使用，还可以作为广大读者（尤其是学生）安全应急的科普读物。

前　　言

安全，是城市居民的生命和财产的根本保障。没有安全，没有生命，就没有一切！目前，居民的安全应急教育主要依赖于社会、学校和家庭。社会的安全应急教育以面向企业职工的安全应急教育为主，而面向普通居民的安全应急教育主要依靠家庭教育、公益宣传来实现，而且是以"要我安全"的"碎片化"灌输式教育居多，系统的、专业的居民安全应急教育很少。由于一些居民没有接受过系统的、专业的安全应急教育，且家庭安全应急教育又存在短板，导致个人安全应急常识缺乏。当前，市场上关于安全应急教育类的书籍也多是针对企业职工的，而针对普通居民的系统性安全应急教育类书籍可以说凤毛麟角。日常生活中，大多数居民获得安全应急知识的渠道多限于电视、报纸、网络或来源于他们的父母以及前辈们零碎的教育，而全面、系统地学习安全应急知识的机会很少。由于一些居民安全意识不强、对安全工作不重视，不懂安全应急常识，自我保护能力不强，从而导致安全事故时有发生。据国家统计公报数据显示，2020 年我国全年各类生产安全事故共造成 27412 人死亡，平均每天因安全事故死亡的人数达 75 人。

对于安全应急工作，党中央、国务院历来高度重视。习近平总书记强调："人命关天，发展决不能以牺牲人的生命为代价。这必须作为一条不可逾越的红线。"习近平总书记还强调："公共

安全连着千家万户，确保公共安全事关人民群众生命财产安全，事关改革发展稳定大局。"因此，做好安全应急工作是我们每位公民义不容辞的义务。笔者从事安全应急工作20多年，亲眼看见了一些安全事故的发生，参与过一些特别重大及重大安全事故的调查与处理，并对这些安全事故的发生、经过和成因进行了深入分析。通过调查、分析，笔者认为，大多数安全事故是由于肇事者安全意识不强、不懂安全应急常识或不重视甚至忽视安全应急工作造成的。因此，学习、掌握安全应急常识，提高自身安全防护意识和能力，是居民保护自己和家人生命财产安全的重要手段。

为普及安全应急常识，使广大居民学习、了解、掌握最基本、最浅显的安全应急常识，提高安全意识和自我保护能力，最大限度地保护自己和家人的安全，减少因缺乏安全应急常识而引发的安全事故，促进社会和谐、稳定、有序发展，笔者利用业余时间对发生在普通居民身边的安全事故进行分析、归纳，总结了易发、多发事故的规律和防范安全事故的知识，编写了"居民安全应急常识"系列丛书，供广大读者阅读、参考，以便提高自身安全应急知识水平和应对事故的能力，更好地保护自己及家人。

《居民安全应急常识手册》（城市版）为城市居民（学生或工作者、旅游者）系统地介绍了城市交通、乘坐电梯、旅游、大型群众性活动、家居防火、用电、燃气使用、烟花爆竹燃放、公共场所、防台风、防雷、防暴雨、森林防灭火等相关方面的安全应急常识。另外，为了方便读者，本书还附了常用安全应急电话。

本书的编写着重把握以下原则：一是针对城市居民应了解、

掌握的安全应急常识进行介绍；二是选择日常生活中比较容易发生的安全事故进行分类介绍；三是依据、遵循我国现有安全应急相关的法律、法规和标准等的要求进行编写；四是在介绍安全应急知识时，由浅入深，力求通俗易懂，便于广大读者掌握；五是为增加阅读的趣味性，采用一问一答，以漫画的形式引入"安爷爷""全奶奶""安爸""全妈""安安""全全"等人物形象，为读者介绍安全应急常识。

　　本书具有较强的可读性、针对性、可操作性，实用且通俗易懂，适合广大读者学习使用，是一套针对普通居民的安全应急常识科普读物。通过学习，读者可以更好地树立安全观念、提高安全意识，也可以学习、掌握安全应急知识，还可以提高自己处理安全问题的能力，消除安全隐患，最大限度地预防安全事故的发生，保护自己和家人的生命和财产安全。

编者

2020 年 2 月

目　录

第一章　城市居民安全应急常见问题

据国家统计公报数据显示，2019 年末，中国大陆总人口（包括 31 个省、自治区、直辖市和中国人民解放军现役军人，不包括香港、澳门特别行政区和台湾地区以及海外华侨）为 140005 万人，比 2018 年末增加了 467 万人。其中，城镇常住人口 84843 万人，占总人口比重（常住人口城镇化率）60.60%，比 2018 年末提高了 1.02 个百分点。户籍人口城镇化率为 44.38%，比 2018 年末提高了 1.01 个百分点。

随着社会和经济的高速发展，城市安全事故时有发生。2004 年 2 月 5 日，北京市某地在举办迎春灯展时发生拥挤、踩踏事故，造成 37 人死亡、37 人受伤。2014 年 12 月 31 日，上海市某区观景平台的人行通道阶梯处发生拥挤、踩踏事故，造成 36 人死亡、49 人受伤。2018 年 8 月 25 日，哈尔滨市某区发生"8·25"重大火灾事故，过火面积约 400 平方米，造成 20 人死亡、23 人受伤。那么，在城市生活、学习、工作、旅游的居民，应如何防范安全事故的伤害呢？笔者认为，学习城市基本安全应急常识，提高自我保护和应对安全事故的能力，是城市居民防范安全事故、保护自身生命和财产安全的重要手段。

1. 城市居民可能会遇到哪些安全方面的问题？

一般来说，城市居民可能会遇到以下安全问题：一是交通安

1

全问题；二是家居防火安全问题；三是学生安全问题；四是用电安全问题；五是燃气使用安全问题；六是燃放烟花爆竹安全问题；七是森林火灾安全问题；八是防雷安全问题；九是防台风安全问题；十是防暴雨安全问题；十一是乘坐电梯安全问题；十二是公共场所安全卫生问题；十三是城市旅游安全问题；十四是大型群众性活动安全问题。

2. 城市居民可能会受到哪些事故的伤害？

通过对近年来我国城市常见安全事故的分析、归纳、总结，城市居民可能会受到以下几种类型事故的伤害：一是交通事故伤害；二是火灾事故伤害；三是燃气中毒事故伤害；四是触电事故伤害；五是拥挤、踩踏事故伤害；六是食物中毒事故伤害；七是溺水事故伤害；八是燃放烟花爆竹事故伤害；九是雷击事故伤害；十是台风、暴雨等自然灾害导致的事故伤害；十一是流行病伤害。

3. 城市居民应如何防范安全事故、自然灾害和流行病的伤害？

随着生活水平的不断提高，广大居民越来越重视自身的生命和财产安全。在城市生活、学习、工作或旅游的居民，要防范安全事故、自然灾害引发的事故和流行病，保障自己与他人的人身和财产安全，就要做到以下几点：

（1）要提高安全意识，时刻遵守与安全应急相关的各项法律、法规和规章制度，防范安全事故的发生。

（2）要认真学习各项安全应急常识，提高自身安全应急知识水平和自我保护能力。

（3）家长要时常对孩子进行安全教育，增强孩子的安全意识，引导其遵守各项安全应急法律、法规和规章制度，防范安全事故发生。

（4）要做好个人卫生防护工作。在流感等流行性疾病发生时，要注意个人卫生和个人防护，预防被传染。

（5）要认真学习自然灾害预防知识，注重做好灾前预防工作，提高防灾减灾能力。

第二章　城市学生安全应急常识

　　学生在校安全问题是家长关心的问题，也是社会普遍关注的问题，更是城市在校学生必须重视的问题。近年来，为加强中小学幼儿园安全管理，国家出台了《中小学幼儿园安全管理办法》等相关规定，规范中小学、幼儿园安全管理。国家每年定期开展"全国中小学生安全教育日"活动，加强中小学生安全教育，目的是最大限度防范在校中小学生非正常死亡事故的发生。但是，近年来，我国城市地区在校中小学生非正常死亡事故仍时有发生。2014年9月26日，云南省昆明市盘龙区某小学发生了一起踩踏事故，造成6人死亡。据调查统计分析，交通、溺水、火灾等安全事故是造成在校中小学生非正常死亡的主要因素。因此，学习安全应急常识，提高自我安全意识和自我保护能力，是城市在校学生防范安全事故、防止受到伤害的必要手段。

1. 城市学生可能会受到哪些事故的伤害？

　　通过对我国城市地区学生非正常死亡事故案例的分析，城市学生可能会受到以下几种事故的伤害：一是交通事故；二是溺水事故；三是食物中毒事故；四是踩踏事故；五是火灾事故；六是体育运动事故；七是教学实践、实验事故。

2. 在上学时，城市学生应如何防止自己受到事故的伤害？

在上学时，学生要防止自身受到事故的伤害，保障自己的人身安全，就要认真做到以下几点：

（1）要提高安全意识，认真学习日常安全应急知识，积极参加学校组织的各项安全教育活动，不断提升自己的安全应急知识水平及自我保护能力。

（2）在上学途中过马路时，要服从交通警察的指挥，严格遵守交通安全法规，防止交通事故的发生。

（3）不要携带易燃、易爆危险物品进入课室，以免发生爆炸或火灾事故而伤及自己与他人。

（4）在校住宿的学生，要注意用火、用电安全，不要在宿舍乱拉、乱接电线，以防发生火灾或触电事故而伤及自己与他人。

（5）宿舍内不要追逐打闹，防止受伤。

（6）举行大型活动时，特别是人群大量聚集时，不要打闹、推挤，以防发生踩踏事故。

（7）上体育课时，要注意做好个人防护措施，做好准备活动，防止在运动过程中受伤。

（8）上实验课时，要遵守有关安全规定，防止因发生实验事故而受到伤害。在做实验时，学生应听从老师的指引，严格按照实验操作规程进行；未经实验指导老师批准，学生不得擅自在实验室内做实验；使用硫酸、盐酸等腐蚀性液体或剧毒危险化学品做实验时，要做好个人防护措施，以免受到伤害。

（9）在高层课室上课时，学生集体上、下楼梯或通道时，要尽量靠右、有序通行，以免发生踩踏事故或摔伤而受到伤害。

（10）在学校的游泳池游泳时，要遵守学校有关规定；做好防护措施，防止发生溺水事故而受到伤害。

（11）在校内，不要打架、斗殴，以防受到伤害。

（12）在流感等流行性疾病发生时，要注意个人卫生和防护，预防被传染。

（13）如感到身体不适，应及时告知老师，尽快就医，防止发生意外。

3. 在放学时，城市学生应如何防止自己受到意外事故的伤害？

近年来，学生在放学时因交通事故、溺水事故等受到伤害的案例时有发生。在放学时，学生要防止发生意外事故，就要做到以下几点：

（1）放学过马路时，不要闯红灯，不要在马路上嬉戏、打

闹，防止发生交通事故而受到伤害。

（2）不要私自到海、江、河、湖、水库里游泳，以防溺水。

（3）不要私自到人多拥挤的地方，防止因发生踩踏事故而受到伤害。

（4）不要参与打架、斗殴，以防受到伤害。

（5）未满 12 周岁的中小学生，不得骑自行车上路，以免发生交通事故而受到伤害。

4. 家长应如何防止孩子受到事故的伤害？

中小学生活泼、好动，如若安全教育不到位，容易发生事故而受到人身伤害。在城市，中小学生因交通等事故而受到人身伤害的案例时有发生。家长要保障孩子免受事故的伤害，需要做到以下几点：

（1）加强对孩子的安全应急教育，提高其安全意识及防范事故的能力。

（2）对于幼儿园小朋友、低年级小学生，要做好上学、放学安全接送工作。

（3）教育孩子不要私自在海边、河边、湖边、江边、水库边、水沟边、池塘边玩耍、追赶，以防滑入水中，发生溺水事故。

（4）教育孩子不要攀爬变压器和电线杆，也不要在高压线附近放风筝，防止发生触电事故。

（5）教育孩子不要到人多、拥挤的地方游玩，防止发生意外。

（6）及时了解孩子在校期间的学习、生活和心理健康情况，防止因学习压力过大、早恋等引发心理疾病。

（7）不要让孩子携带过多现金或贵重物品上学，防止遇到坏人而发生意外。

5. 在校学生应如何防止因游泳、戏水引发的溺水事故？

在我国城市地区，有些区域地处河边、江边、湖边、海边。学生因游泳、戏水引发溺水事故，造成人身伤害的案例时有发生。溺水事故是造成中小学生伤亡的常见事故。中小学生要防止因发生溺水事故而受到伤害，需要做到以下几点：

（1）不要到没有安全保障的地方（如水库边、水沟边、池塘边、河边、江边、湖边、海边等）玩耍、追赶、嬉戏打闹，以防滑入水中而溺水。

（2）最好到正规游泳场（池）游泳，不要独自到河、江、海等水域游泳；去游泳时，要有老师、家人及熟悉水性的人陪同，防止发生意外。

（3）不会游泳的学生，学习游泳时最好参加正规的游泳培训班学习，学会游泳的基本技能才下水游泳。

（4）游泳前要做好准备活动，让自己的身体尽快适应水温，防止抽筋引发的意外。

（5）患有心脏病、高血压、肺结核、皮肤病等疾病，以及容易抽筋的学生不宜下水游泳，以免发生危险。

（6）游泳时，不知水情不要冒险跳水，不要在激流处和漩涡处游泳，以免发生意外。

（7）下水游泳时，不要打闹、嬉戏，更不要逞能，要量力而行，以免发生危险。

（8）在游泳过程中，如果突然感到身体不适，应立即上岸休息，以免发生意外。

（9）在游泳过程中，如果遇到危险，应大声向周围人员求救，以免发生意外。

（10）当物品掉入水中时，不要急着自己去捞，而应找大人来帮忙，以防滑入水中溺水。

（11）到公园划船游玩时，不要摇晃，以免掀翻小船而造成危险。

6. 课间活动时，学生要注意哪些安全事项？

课间活动能够起到放松、调节和适当休息的作用。因此，课间活动时，学生应注意以下安全事项：

（1）课间活动时，不要打闹、推搡，防止摔倒受伤。

（2）活动的强度要适当，不要做剧烈的运动，以保证继续上课时不疲劳、精力集中、精神饱满。

（3）活动的方式要简便易行（如广播体操等），避免发生扭伤、碰伤。

第三章　城市居民旅游安全应急常识

　　随着经济和社会不断发展，我国居民经济收入和生活水平也在不断提高。城市地区外出旅游的居民也越来越多。近年来，群死群伤的旅游安全事故时有发生。如 2015 年 6 月 1 日，重庆市某轮船公司所属客轮由南京开往重庆，当航行至湖北省荆州市监利县长江大马洲水道时翻沉，造成 442 人死亡；2016 年 6 月 4 日，四川广元市某风景名胜区内发生一起沉船事故，某轮船公司核载 25 人、实载 18 人的游船，在返航途中受风浪作用翻沉，造成 15 人死亡，3 人受伤；等等。因此，学习、了解、掌握旅游安全常识，保护自身的生命和财产安全，对城市居民来说十分

必要。

1. 外出旅游前，城市居民需要注意哪些安全事项？

为了自身的生命和财产安全，城市居民出游前要注意以下安全事项：

（1）要对拟前往地区进行安全风险分析。如拟前往地区是否有疫情；如果自驾游，要考虑沿途的道路及天气情况等；乘坐游轮旅游，出行时要关注是否有台风。如存在很大风险，建议改变计划。

（2）要与家人或朋友沟通好。出行前，将自己的行程告知家人，如准备何时出发，前往何地，等等。同时也要告知朋友，以备不时之需。这样，如果发生意外，家人和朋友也能知道你的去向。

（3）制订旅游计划。外出旅游前制订计划，内容包括出发的时间、线路、费用等。

（4）参加旅行社旅游时，要选择信誉好、规模较大的旅行社或旅游公司，不要贪图便宜而选择没有营业执照的旅游公司。

（5）参加旅行社旅游时，要与旅游公司签订合同，以保障自身合法权益。

（6）参加涉及人身安全的旅游项目时，建议购买旅游安全保险。

（7）自驾游出行前不要喝酒，杜绝酒驾行为，防止因醉酒而发生交通事故。

（8）出行前，根据旅游行程安排带上必需的日用品（如衣物、纸巾、折叠伞），带好相关证件、信用卡、照相机等；结合自身状况，备好旅游应急药物（如晕车药、风油精、驱风油等）。

2. 外出旅游时，城市居民需要注意哪些安全事项？

外出旅游时，城市居民需要注意以下安全事项：

（1）坐车、乘船、乘机外出旅游的居民，不要携带易燃、易爆等危险物品。

（2）外出旅游时，不要乘坐无牌照车、船出行。

（3）出行时，将紧急号码设置成单键拨号或者快速拨号，以便发生事故时，可以快速找到适当的人和机构求助。有急事时，可以联系亲友，或者拨打紧急电话110、112求救。即便遇到手机没有信号，紧急电话号码一样可以拨打，因此，手机是外出旅游的必备工具。

（4）跟团旅游时，要听从导游的指挥和安排，记下导游的联系方式，以便掉队落单时方便联系。按时到达指定地点集合，按时上车，不要过于留恋景点或购物点而导致掉队或拖延。不要单独行动，如要临时改变行程或活动安排，需提前告知导游和征求导游同意。

（5）在外旅游，遇到人多排队时，要注意保持安全间距。避免拥挤或推搡引发的挤伤、跌伤、落水、坠落等意外事故。

（6）旅游时，要注意饮食、饮水卫生，不要购买及食用"三无"（包装无厂家、无生产日期、无食品质量安全认证标志）或过期的食品，以防饮食后有不良反应。如身体不适，要及时设法就医诊治。

（7）去风景胜地旅游时，要遵守旅游景点的相关规定，如禁止吸烟、随地吐痰、乱扔垃圾和随意进入非参观游览区内拍照等

不良行为。

（8）经过台阶和狭窄、路滑地段，既要防止跌倒、跌落受伤，也要预防脚被尖锐物扎伤；经过高处或钢索栈道时，必须扶好栏杆或钢索；不要追逐、拥挤、打闹，小心踏空；经过海边、湖边、江边、河边等水域时，要防止跌落溺水。

3．参加海上游乐项目时，城市居民需要注意哪些安全事项？

我国沿海城市有很多海边、海岛旅游景点。前往海边旅游也是比较热门的户外活动，很受城市居民喜爱。为保障居民安全，前往海边旅游时，需要注意以下安全事项：

（1）游泳前要做准备活动，以防下水后出现抽筋现象。

（2）到海边游泳时，要在有救生员的水域游泳，千万不可游得太远，以视线能看清岸上物体为限。如果游得太远，就可能会在漫无边际的大海里迷失方向，因体力消耗过大而发生危险。

（3）浪太大时不宜下海；有大雾或打雷时不宜下海；开始退潮或涨潮时不宜下海，因为退潮和涨潮会形成旋涡和暗流，一不小心就有可能被卷入海中发生意外。

（4）酒后和饭后不宜立即下海。

（5）不要长时间暴晒游泳，也不要过长时间游泳，游泳持续时间一般不应超过2小时。如果长期照射紫外线，可能会出现皮肤过敏、皮疹，甚至引发皮肤癌。过多地晒太阳，会引起皮肤老化，产生色斑等。

（6）不要单独在未开发海域游泳。非游泳区水域水情复杂，有的地方可能会存在暗礁、淤泥、水草和旋涡等危险因素，居民稍有大意，就可能会发生意外。

4. 城市中小学生郊游、野营活动时，需要注意哪些安全事项？

中小学生参加郊游、野营活动时，为避免发生意外事故，需要注意以下安全事项：

（1）出行前，要穿运动鞋或旅游鞋。

（2）出行前，要准备充足的食品和饮用水。

（3）出行前，要准备手电筒以便夜间照明使用。

（4）出行前，要准备应急药品（如治感冒、跌打外伤、防中暑、止泻等）。

（5）应结伴而行，不得单独行动。

（6）不要随便采摘、食用野生蘑菇、野菜和野果等，以免发生食物中毒。

（7）要严格遵守活动纪律，严格按照活动指引、计划进行，要服从带队老师或领队的统一指挥。

第四章　城市居民交通安全应急常识

随着经济和社会发展，我国的交通运输行业也得到高速发展，公路通车里程越来越长。据统计，2019 年我国公路总里程达501.25 万千米，公路密度为每 100 平方千米 52.21 千米。2019年，全国机动车保有量达 3.48 亿辆，其中汽车保有量达 2.6 亿辆。但与此同时，群死群伤的交通安全事故时有发生。2017 年 7月 6 日，广东省广河高速惠州市某路段发生一起大型客车重大道路交通事故，造成 19 人死亡、31 人受伤，直接经济损失 3152 万元。2019 年 9 月 28 日，长深高速公路江苏某路段发生一起大客车碰撞重型货车的特别重大道路交通事故，造成 36 人死亡、36

人受伤。因此，城市居民学习、掌握城市交通安全常识，保护自己的生命和财产安全十分重要，也十分必要。

一、乘坐城市公交车安全应急常识

随着城市交通运输行业的发展，公交车已成为城市居民出行的重要交通工具。城市交通环境比较复杂，容易发生交通事故。因此，城市居民有必要学习和掌握有关乘坐城市公交车的安全应急常识。

1. 乘坐城市公交车时，有哪些安全要求？

为确保路途安全，居民乘坐公交车时要注意以下安全常识：

（1）不得携带汽油、烟花爆竹等易燃易爆危险物品，以及蛇等危险动物乘车，以免影响乘客安全。

（2）乘车时，不可随意按动或搬动公共交通工具上的各种按钮及电子设备。

（3）不得从机动车左侧上、下车。上、下车时，要注意车门外前后来车，以免发生意外事故。

（4）乘车时，不得向车窗外抛洒物品，以免伤及他人。

（5）乘坐无人售票公交车时，应遵守"前门上车，后门下车"的规定。

（6）乘车时，不得将头、手伸出窗外，以免被来往车辆碰擦。不得跳车，以免发生意外。

2. 如何乘坐公交车比较安全？

在乘坐公交时，城市居民要注意的安全事项如下：

（1）要乘坐证照齐全的公交车，不坐无牌、无证、非法运营的公交车。

（2）乘坐公交车时，要遵守国家法律、法规及相关规定。

（3）等候公交车时，要在站台或指定地点候车，不要站在车道（包括机动车道、非机动车道）上候车，更不要站在道路中间拦车。

（4）上车时，应等汽车停稳，先让车上的乘客下车，再按顺序上车，不要争先恐后，以免挤倒他人或被他人挤倒而发生伤害事故。

（5）车辆行驶时，要坐稳扶好，不要在车厢内随意走动，不喧哗、不嬉闹、不站在门边，防止车门夹身。没有座位时，双脚自然分开，侧身站立，握紧扶手，避免瞌睡，以免车辆紧急刹车时引起摔倒而受伤。

（6）乘公交车时，不要催促驾驶员开快车，也不要与驾驶员闲谈，或采用其他方式妨碍驾驶员驾驶，以免发生危险。

（7）下车时，要等车辆停稳，不要因为赶时间而拥挤争抢下车，应先确认安全后，在公交车右侧后门下车。

（8）下车后，不要从车前或车后突然走出或猛跑，防止被其他过往车辆撞伤。

3. 乘坐公交车时，如何预防晕车？

有的居民容易晕车，防止晕车可采取以下措施：

（1）出行前，尽量不要大吃大喝，最好吃些清淡、容易消化的食物。

（2）乘坐公交车时，要保持愉快的心情，视线尽量固定在车上不动的目标上，尽量少看车窗外移动的景物。

（3）乘坐公交车时，尽量选择在摆动较小的汽车中部座位，身体方向尽量与车的行进方向保持一致。

（4）备点晕车药，有晕车经历的居民，乘坐公交车前服下，或在太阳穴涂点风油精等，以缓解晕车之苦。

二、城市居民驾驶机动车辆安全应急常识

城市道路交通环境比较复杂，交通事故时有发生。因此，居民驾驶机动车时，要提高安全意识，遵守道路交通法律法规，注意交通安全。

1. 驾驶机动车上路有何规定？

（1）驾驶机动车前，应当依法取得机动车驾驶证。居民应当按照驾驶证载明的准驾车型驾驶机动车；驾驶机动车时，应当随身携带机动车驾驶证。

（2）国家对机动车辆实行登记制度。居民驾驶的机动车要经公安机关交通管理部门登记后，方可上路行驶。尚未登记的机动车，应当取得临时通行牌证，方可上路行驶。

（3）机动车上路行驶前，应当悬挂机动车号牌，放置检验合格标志、保险标志，并随车携带机动车行驶证。机动车号牌应当按照规定悬挂并保持清晰、完整，不得故意遮挡、污损。

（4）居民驾驶机动车上路行驶前，应当对机动车的安全技术性能进行认真检查；不得驾驶安全设施不全或者机件不符合技术标准等具有安全隐患的机动车。

（5）居民驾驶机动车时要按照操作规范安全驾驶、文明驾驶。

2. 喝了酒能开车吗？

无论是在城市，还是在农村，居民酒后驾车都是违法行为。

（1）饮酒后驾驶机动车的，处暂扣机动车驾驶证 6 个月，并处 1000 元以上 2000 元以下罚款。

（2）因饮酒后驾驶机动车被处罚，再次饮酒后驾驶机动车的，处 10 日以下拘留，并处 1000 元以上 2000 元以下罚款，吊销机动车驾驶证。

（3）醉酒驾驶机动车的，由公安机关交通管理部门约束至酒醒，吊销机动车驾驶证，依法追究刑事责任；5 年内不得重新取得机动车驾驶证。

（4）饮酒后驾驶营运机动车的，处 15 日拘留，并处 5000 元罚款，吊销机动车驾驶证，5 年内不得重新取得机动车驾驶证。

（5）醉酒驾驶营运机动车的，由公安机关交通管理部门约束至酒醒，吊销机动车驾驶证，依法追究刑事责任；10年内不得重新取得机动车驾驶证，重新取得机动车驾驶证后，不得驾驶营运机动车。

（6）饮酒后或者醉酒驾驶机动车发生重大交通事故，终生不得重新取得机动车驾驶证。

3. 在高速公路上，行车速度有何规定？

《中华人民共和国道路交通安全法实施条例》第七十八条明确规定，高速公路应当标明车道的行驶速度，最高车速不得超过每小时 120 公里，最低车速不得低于每小时 60 公里。

在高速公路上行驶的小型载客汽车最高车速不得超过每小时120公里，其他机动车不得超过每小时100公里，摩托车不得超过每小时80公里。同方向有两条车道的，左侧车道的最低车速为每小时100公里；同方向有3条以上车道的，最左侧车道的最低车速为每小时110公里，中间车道的最低车速为每小时90公里。道路限速标志标明的车速与上述车道行驶车速的规定不一致的，按照道路限速标志标明的车速行驶。

三、城市居民乘船安全应急常识

在我国城市沿海、江河、湖泊周边地区，船舶是重要的水上交通工具。然而，水上交通事故时有发生。如2001年12月20日，广东省阳江市江城区，林某驾驶自用船只非法搭载38人，在漠阳江水域沉没，造成18人死亡。因此，学习城市乘船安全应急常识，学会保护自己，对于在城市生活、工作或外出旅游的居

民来说十分重要。

1. 乘船时，居民需要注意哪些安全事项？

（1）外出旅行时，不要为了方便或贪图便宜而乘坐缺少安全防范救护措施、超载、"三无"（无船名、无船籍、无船舶证书）的船舶，防止发生危险。

（2）不要携带易燃易爆、有毒危险物品及危险动物上船，不要在船上随便吸烟、乱扔烟头。

（3）上、下船时，要自觉遵守秩序，按顺序排队，不要争先恐后，不拥不挤，要等船舶停稳后，待工作人员安置好跳板再上、下船。

（4）乘船时，千万不要相互推挤、攀爬船杆，以免发生意外挤伤、落水事故。

（5）不要靠近船边，也不要站在甲板上。带小孩乘船时，要看管好自己的小孩，不得让其在船上嬉闹，防止发生意外。

（6）船舶在航行途中遇到大雾、大风等恶劣天气临时停泊时，旅客要耐心等待，不得催促船员冒险开航，以免发生意外事故。

（7）登船后，要尽快熟悉所乘舱位的周围环境，熟悉应急逃生的安全通道，以便在紧急情况时能尽快疏散逃生。要牢记救生衣所在位置，熟悉救生衣的使用方法，以便一旦发生紧急情况能尽快穿上。

（8）如遇到大风、大雨、大雾等恶劣天气，不要冒险乘船出行。

（9）对于船上的安全装置、设备，不能乱摸乱动。标有"乘客止步"的地方严禁入内。

2. 居民如果乘船在海上、江河、湖泊遇到险情，如何处置及求救？

船在海上、江河、湖泊上航行可能会遇到大的风浪，也可能会出现颠簸。居民此时不必惊慌，要听从船上工作人员的指挥，不要乱跑、乱闯，以免引起混乱，使船体失去平衡，造成船体倾侧、翻沉。航行途中一旦发生碰撞、搁浅、火灾等意外事故，要

保持镇静，穿好救生衣，逃生时听从船上工作人员的指挥。

四、城市居民自行车骑行安全常识

在我国，自行车是城市居民重要的交通代步工具。虽然骑自行车出行既环保又比较安全，但是，近年来，自行车与机动车辆相撞的交通事故时有发生，特别是电动自行车火灾事故频发。2017 年 9 月，浙江省玉环市一出租房因电动自行车电气短路故障而发生火灾，造成 11 人死亡、12 人受伤。2019 年 8 月 23 日，广东省深圳市坪山区某小区楼梯间电动车充电时，夜间起火，造成 2 人死亡。因此，自行车特别是电动自行车安全问题不可轻视，学习自行车骑行安全应急常识，学会保护自己，对于在城市生活、学习、工作、旅游的居民来说，是非常有必要的。

1. 出行前，自行车要做哪些安全检查？

（1）检查车座固定状态，在固定前将车座高、低调整好，以自己骑上车后，脚尖能够着地面，双手握把自如，上身稍微前倾为宜。

（2）检查车把与前轮是否已经固定为直角。

（3）检查前后车闸是否灵敏有效。时速在 10 公里时，捏闸后应在 3 米内停车。如不骑行，可在平地将前后车闸同时用手捏紧，推车前移，以车轮不转动为合格。

（4）检查车铃是否响，安装位置是否适宜，按铃时以手不离把为宜。

（5）检查车胎充气是否合适：夏天车胎充气不要太多，以防车胎爆裂；冬天路面有冰雪时，车胎应适当放气，以增大车胎与地面的摩擦力。

（6）检查自行车的润滑部分，包括车把、前轴、中轴、后轴以及后轴飞轮，及时排除异响和转动时不正常的故障。

（7）检查是否装有反射器。为了便于机动车驾驶员在夜间能及时发现自行车，减少自行车被撞的交通事故，一要确保自行车尾灯完好，二要尽可能地在自行车前后设置反光标识。

2. 骑自行车出行，居民需要注意哪些安全事项？

在城市地区，自行车作为一种环保的交通工具，越来越被人们推崇，但随着经济的发展，机动车也越来越多，居民骑自行车出行时需要注意以下安全事项：

（1）不要在马路上学骑自行车。

（2）未满 12 周岁的儿童，不准在道路上骑自行车；骑电动自行车必须年满 16 周岁。

（3）在道路上，骑自行车时，应遵守有关交通安全的规定。骑自行车应在非机动车道上靠右边行驶，不得逆行；转弯前应提前减速，向后瞭望，以明确的手势示意后再转弯，不准突然抢行猛拐；超越前车时，不准妨碍被超车的行驶。

（4）在划分机动车道与非机动车道的道路上，自行车应在非机动车道行驶；在没有划分中心线和机动车道与非机动车道的道路上，自行车应靠右边行驶。自行车不得进入高速公路骑行。

（5）经过交叉路口时，要减速慢行，注意来往行人、车辆；过路口时，不要绕过信号行驶；不闯红灯，遇到红灯时，要停车等候，不要越过停车线，待绿灯亮了再继续前行。

（6）通过陡坡、横穿四条以上机动车道或途中车闸失效时，须下车推行。

（7）因非机动车道被占用而无法在本车道内行驶的自行车，可以在受阻的路段借用相邻的机动车道行驶，并在驶过被占用路段后迅速驶回非机动车道。

（8）自行车载物时，高度从地面起不得超过 1.5 米，宽度不得超出车把 0.15 米，长度前端不准超出车轮，后端不准超出车身 0.3 米。

（9）骑车带学龄前儿童时，要在做好安全措施的情况下搭载。

（10）骑自行车时，不得牵引车辆或者被其他车辆牵引；不得双手离把攀扶其他车辆或手中持物；不得扶身并行，更不能互相追逐或者曲折竞驶。

（11）不得在道路上骑独轮车或者两人以上骑行的自行车，不得加装动力装置。

（12）不得醉酒骑自行车。

（13）不要在骑车时戴耳机听广播、打电话等，防止发生意外事故。

3. 非机动车，违反道路交通安全法规会受何种处罚？

非机动车驾驶人如违反道路交通安全法律、法规等有关道路通行规定，处警告或者5元以上50元以下罚款；如拒绝接受罚款处罚，可以扣留其非机动车。

4. 我国对电动自行车最高车速有何限制？

2019年4月15日实施的《电动自行车安全技术规范》（GB 17761—2018）规定，电动自行车最高车速不得超过25公里/小时。

5. 购买电动自行车时，城市居民应注意哪些事项？

为了加强电动车安全管理，2018年5月15日，工信部发布了最新的《电动自行车安全技术规范》（GB 17761—2018），并于2019年4月15日实施。电动自行车产品实行强制产品认证管理（3C认证）。居民要购买有3C认证电动自行车，不买非标电动自行车，确保自身安全。

6. 电动自行车怎样充电比较安全？

（1）选择宽广的区域充电，不要挤在狭小的空间或室内，避

免发生危险时来不及逃脱。不要在居民楼的楼梯口充电，防止引发火灾，避免逃生出口被封闭而无法逃脱。

（2）充电时远离易燃易爆物体，避免引起火灾。电动车充电位置一定要远离易燃易爆物品，以防被电动车起火引燃，造成更大火灾。

（3）雨天充电需谨慎，避免充电器暴露在雨中，导致漏电、短路等危险情况发生。

（4）电动车长期放置不用，应保持间歇性充电习惯，不要在亏电状况下放置。

五、城市居民乘坐地铁安全应急常识

地铁在许多城市（如北京、上海、广州、深圳市等）中担负乘客在城区流动的运输任务，是重要的公共交通工具。目前，拥有地铁的城市也越来越多。地铁车站及列车是人流密集的公众聚集场所，一旦发生火灾、爆炸、拥挤踩踏等安全事故，容易造成群死群伤。近年来，地铁事故时有发生。2009 年 6 月 23 日，美国华盛顿某地的两列地铁发生相撞事故，造成 9 人死亡、70 多人受伤。2014 年 11 月 6 日，北京地铁 5 号线发生一起安全事故，一名女子被夹在安全门与列车门中间，后被送往医院，经抢救无效死亡。因此，对于有乘坐地铁需求的城市居民来说，了解、学习地铁安全应急常识，提高自我保护能力，预防事故发生，具有十分重要的意义。

1. 乘坐地铁，禁止携带哪些物品？

地铁是人流密集的公众聚集场所。为了乘客的安全，地铁严禁携带易燃易爆物品、爆炸物品、有毒有害物品、放射性物品、腐蚀性物品、枪支子弹（含主要零部件）、管制刀具及具有一定杀伤力的其他器具、传染病病原体、其他危害公共安全、列车运行安全的物品、国家法律、行政法规、规章规定的其他禁止持有、携带、运输的物品。在乘坐地铁出行时，居民应主动配合工作人员接受安全检查，对于拒绝接受安全检查的居民，安检人员有权禁止其进站乘车，对于拒不接受安全检查并强行进入车站或者扰乱安全检查工作秩序，构成违反治安管理行为的，由公安机

关依法处理；情节严重构成犯罪的，公安机关依法追究其刑事责任。

2. 乘坐地铁时，有何安全要求？

（1）进站要通过安检。为了乘客的安全，要通过安检才能进入车站，携带行李要过安检机进行安全检查，确保安全。携带婴儿车、轮椅、手推车、行李或大件物品的居民，应联系工作人员使用专用通道。

（2）乘坐自动扶梯时，靠右站立，避免拥挤跌倒。乘坐地铁站内自动扶梯时，要按顺序靠扶梯右侧站立，给急需步行上下自动扶梯的乘客留出空间，避免乘坐自动扶梯时，因拥挤而跌倒受伤。

（3）在等候地铁进站时，居民要站在黄色安全线外候车，要服从站务工作人员的指挥，有序候车。因此，在等待列车进站时，居民一定要按地面标识或听从地铁工作人员的指挥排队候车。如不慎将私人物品跌落至轨道，请联系工作人员拾取，严禁擅自进入轨道私自拾取，以免发生意外。

（4）上、下车时，要按照"先下后上"的规定有序上车，不要推挤，确保乘车安全。请勿阻止列车车门或屏蔽门关闭。灯闪、铃响时，请勿上、下列车。上、下列车时，请注意列车与站台之间的空隙及高度落差，以免发生意外。

（5）乘车时，要照顾好老人、孕妇和小孩，把座位让给他们，以确保他们的乘车安全。同时为了自身安全，站立者要手扶栏杆或专用扶手，避免急刹车等情况出现时跌倒受伤；也不要紧靠车门，避免开门时受到意外伤害。

（6）乘坐地铁时不能喝饮料和吃零食。地铁是公共场所，人员密集，喝饮料和吃零食会严重影响乘车环境，也会给他人乘车带来不便和干扰，因此，乘坐地铁不要喝饮料和吃零食。

（7）不要在车厢内大声喧哗和大音量播放音乐。有些居民喜欢在车厢内聊天或打电话，由于车厢内相对封闭又有一定噪声，导致聊天或打电话声音很大，这样就会影响其他乘客，因此要避免在车厢内大声喧哗。同时，大音量播放音乐也会影响其他乘客。不要只图个人畅快而不顾他人的感受，文明乘车是每个人的责任。

（8）乘车时，手或身体不要扶靠屏蔽门、安全门，避免开门时受到意外伤害。不要在车站或者车厢内躺卧、多占及踩踏座位、追逐打闹；居民身体不适或有困难时，请与工作人员联系。

（9）下车时不要拥挤，特别是人多时，要按顺序依次下车，防止发生踩踏事故而受到伤害。

（10）出站时，准备好车票或公交卡，不要拥挤，要按顺序依次在出站闸机刷卡出站。

（11）乘坐地铁遇到紧急情况需要疏散时，不要慌乱，不要拥挤，留意广播，听从工作人员指挥，快速离开列车、出站。

六、城市居民乘坐飞机安全应急常识

飞机是城市的重要现代化交通工具之一。坐飞机出行，既快捷又比较舒适。虽然坐飞机出行发生事故的概率很低，但是由于飞机是在高空飞行，一旦发生事故，往往会造成严重后果。因此，对于经常乘坐飞机出行、旅游的居民来说，了解、学习飞行

安全应急常识，提高自己安全应急能力，显得十分必要。

1. 乘坐飞机时，禁止携带哪些物品？

为了安全，依照《民航旅客禁止随身携带和托运物品名录》，居民禁止随身携带和托运以下物品：

（1）枪支、子弹类（包括主要零部件）：军用枪，如手枪、步枪、冲锋枪、机枪、防暴枪等以及各类配用子弹；民用枪，如气枪、猎枪、射击运动枪、麻醉注射枪等以及各类配用子弹；其他枪支，如道具枪、发令枪、钢珠枪等；上述物品的样品、仿制品。

（2）爆炸物品类：弹药，如炸弹、手榴弹、照明弹、燃烧弹、烟幕弹、信号弹、催泪弹、毒气弹、子弹（铅弹、空包弹、教练弹）；爆破器材，如炸药、雷管、导火索、导爆索、导爆管、爆破剂；烟火制品，如烟花爆竹、烟饼、黄烟、礼花弹；上述物品的仿制品。

（3）管制器具：管制刀具，如匕首（带有刀柄、刀格和血槽，刀尖角度小于 60 度的单刃、双刃或多刃尖刀）、三棱刮刀（具有三个刀刃的机械加工刀具）、带有自锁装置的弹簧刀或跳刀（刀身展开或弹出后，可被刀柄内的弹簧或卡锁固定自锁的折叠刀具）、其他相类似的单刃双刃三棱尖刀（刀尖角度小于 60 度、刀身长度超过 150 毫米，以及刀尖角度大于 60 度、刀身长度超过 220 毫米）军警械具，如警棍、警用电击器、军用或警用的匕首、手铐、拇指铐、脚镣；其他具有一定杀伤力的器具，如催泪器、催泪枪、电击器、防卫器、弓、弩。

（4）危险物品：压缩气体和液化气体，如氢气、甲烷、乙烷、丁烷、天然气、乙烯、丙烯、乙炔（溶于介质的）、一氧化碳、液化石油气、氟利昂、氧气、二氧化碳、水煤气、打火机燃料及打火机用液化气体；自燃物品，如黄磷、白磷、硝化纤维（含胶片）、油纸及其制品；遇湿易燃物品，如金属钾、钠、锂、碳化钙（电石）、镁铝粉；易燃液体，如汽油、煤油、柴油、苯、乙醇（酒精）、丙酮、乙醚、油漆、溶剂油、松香油及含易燃溶剂制品；易燃固体，如红磷、闪光粉、固体酒精、赛璐珞、发泡剂；氧化剂和有机过氧化物，如高锰酸钾、氯酸钾、过氧化钠、过氧化钾、过氧化铅、过氧乙酸、双氧水；毒害品，如氰化物、砒霜、剧毒农药等剧毒化学品；腐蚀性物品，如硫酸、盐酸、硝酸、氢氧化钠、氢氧化钾、汞（水银）；放射性物品，如放射性同位素。

（5）其他物品：传染病病原体，如乙肝病毒、炭疽杆菌、结核杆菌、艾滋病病毒；火种（包括各类点火装置），如打火机、火柴、点烟器、镁棒（打火石）；额定能量超过 160 瓦·时的充电宝、锂电池（电动轮椅使用的锂电池另有规定）；酒精体积百分含量大于 70% 的酒精饮料；强磁化物、有强烈刺激性气味或者容易引起旅客恐慌情绪的物品以及不能判明性质可能具有危险性的物品。

（6）国家法律、行政法规、规章规定的其他禁止持有、携带、运输的物品。

2. 乘坐飞机时，属于限制随身携带和托运的物品有哪些？

为了安全，依照《民航旅客限制随身携带和托运物品名录》，

限制随身携带和托运物品如下：

（1）禁止随身携带但可以作为行李托运的物品：

锐器：日用刀具（刀刃长度大于6厘米），如菜刀、水果刀、剪刀、美工刀、裁纸刀；专业刀具（刀刃长度不限），如手术刀、屠宰刀、雕刻刀、刨刀、铣刀；用作武术文艺表演的刀、矛、剑、戟等。

钝器：棍棒（含伸缩棍、双节棍）、球棒、桌球杆、板球球拍、曲棍球杆、高尔夫球杆、登山杖、滑雪杖、指节铜套（手钉）。

其他：工具，如钻机（含钻头）、凿、锥、锯、螺栓枪、射钉枪、螺丝刀、撬棍、锤、钳、焊枪、扳手、斧头、短柄小斧（太平斧）、游标卡尺、冰镐、碎冰锥；其他物品，如飞镖、弹弓、弓、箭、蜂鸣自卫器以及不在国家规定管制范围内的电击器、梅斯气体、催泪瓦斯、胡椒辣椒喷剂、酸性喷雾剂、驱虫动物喷剂等。

（2）随身携带有限定条件但可以作为行李托运的物品：

旅客乘坐国际、地区航班时，液态物品应当盛放在单体容器容积不超过100毫升的容器内随身携带，与此同时，盛放液态物品的容器应置于最大容积不超过1升、可重新封口的透明塑料袋中，每名旅客每次仅允许携带一个透明塑料袋，超出部分应作为行李托运；旅客乘坐国内航班时，液态物品禁止随身携带（航空旅行途中自用化妆品、牙膏及剃须膏除外）。航空旅行途中自用的化妆品必须同时满足三个条件（每种限带一件、盛放在单体容积不超过100毫升的容器内、接受开瓶检查）方可携带，牙膏及剃须膏每种限带一件且不得超过100克。

旅客在同一机场控制区内由国际、地区航班转乘国内航班时，其随身携带入境的免税液态物品必须同时满足三个条件（出示购物凭证、置于已封口且完好无损的透明塑料袋中、经安全检查确认）方可随身携带，如果在转乘国内航班过程中离开机场控制区，则必须将随身携带入境的免税液态物品作为行李托运；婴儿航空旅行途中必需的液态乳制品、糖尿病或者其他疾病患者航空旅行途中必需的液态药品，经安全检查确认后方可随身携带；旅客在机场控制区、航空器内购买或者取得的液态物品，在离开机场控制区之前可以随身携带。

（3）禁止随身携带但作为行李托运有限定条件的物品：

酒精饮料禁止随身携带，作为行李托运时有以下限定条件：标识全面清晰且置于零售包装内，每个容器容积不得超过 5 升；酒精的体积百分含量小于或等于 24% 时，托运数量不受限制；酒精的体积百分含量大于 24% 小于或等于 70% 时，每位旅客托运数量不超过 5 升。

（4）禁止作为行李托运且随身携带有限定条件的物品：

充电宝、锂电池禁止作为行李托运，随身携带时有以下限定条件（电动轮椅使用的锂电池另有规定）：标识全面清晰，额定能量小于或等于 100 瓦·时；额定能量大于 100 瓦·时、小于或等于 160 瓦·时的必须经航空公司批准，且每人限带两块。

（5）国家法律、行政法规、规章规定的其他限制运输的物品。

3. 乘坐飞机时，居民可随身携带行李的重量、体积是多少？

民航规定：持头等舱客票的旅客，每人可随身携带两件物

品；持公务舱或经济舱客票的旅客，每人只能随身携带一件物品。每件随身携带物品的体积不得超过 20 厘米×40 厘米×55 厘米。每位旅客免费随身携带物品的总重量以 5 千克为限。超过上述重量、件数或体积限制的随身携带物品，应作为托运行李托运。

4. 城市居民乘坐飞机时，要注意哪些安全事项？

（1）进入机场登机前，要积极配合机场工作人员安全检查。登机前，要携带本人身份证或护照办理登机手续，要积极配合机场工作人员安全检查，确认没有携带危险物品乘机，消除安全隐患。

（2）登机时，要按照顺序有序排队，不要拥挤，防止发生踩踏事故。

（3）登机后，要认真观摩乘务员安全演示，认真阅读航空安全须知，如有不清楚的地方，要及时询问空乘人员。

（4）飞机起飞前，要按照飞机广播或者空乘人员提示系好安全带，防止滑行、起飞、着陆或者遇到气流颠簸而受伤。

（5）飞行途中，要严格遵守有关航空飞行安全规定。在飞机起飞和降落过程中，禁止使用手机等电子产品。在飞机平稳飞行阶段使用手机等电子产品时，需将其设为飞行模式。不具备飞行模式的移动电话等设备，在空中仍然禁止使用。

（6）严禁在飞机上抽烟。

（7）在乘机前，不要喝太多的酒。喝酒过多，容易导致情绪失控，或者会使旅客在紧急时刻应急自救能力降低。

（8）在飞行途中，飞机高度变化引起的气压变化会致使个别乘客耳朵不适。如出现这种现象，旅客可以做吞咽动作，使耳腔内气压平衡，以解除不适。

（9）飞行前，有晕机现象的居民要备好防晕药物。

（10）飞机降落时，要等飞机完全停稳后才离开座位，防止飞机降落、滑行过程中自己跌倒受伤。

（11）飞行途中万一遇险，要保持冷静，在乘务人员指导下进行自救。

5. 飞机起飞、降落时，为什么要收起小桌板和座椅靠背？

在飞机起飞、降落时，空乘人员会要求乘客收起小桌板和座椅靠背，乘客一定要按照要求去做。收起小桌板是为了自己、旁边的人在紧急撤离时无障碍，保证在危急时刻以最快速度离开飞机；收起座椅靠背是为了您后排旅客在危急时刻撤离时无障碍，以最快速度离开飞机。

七、乘坐火车安全应急常识

火车是城市居民出行、旅游的重要交通工具之一。乘坐火车方便、经济、舒适，也比较安全。但是，铁路交通事故也时有发生。2011年7月23日，甬温线铁路浙江温州境内某段动车组列车追尾，发生特别重大铁路交通事故，造成40人死亡、172人受伤。因此，为了安全，城市居民乘坐火车出行、旅游时，学习铁路交通安全应急常识十分必要。

1. 居民去火车站乘火车时，哪些物品禁止携带？那些物品限制携带？

根据国务院颁布的《铁路安全管理条例》等规定，居民到火车站进站乘车禁止和限制携带如下物品：

（1）请勿携带以下枪支、子弹类（含主要零部件）：手枪、步枪、冲锋枪、机枪、防暴枪等军用枪以及各类配用子弹（含空包弹、战斗弹、检验弹、教练弹）；气枪、猎枪、运动枪、麻醉注射枪等民用枪以及各类配用子弹；道具枪、发令枪、钢珠枪等其他枪支；上述物品的样品、仿制品。

（2）请勿携带以下爆炸物品类：炸弹、照明弹、燃烧弹、烟幕弹、信号弹、催泪弹、毒气弹、手雷、手榴弹等弹药；炸药、雷管、导火索、导爆索、爆破剂、发爆器等爆破器材；礼花弹、烟花、鞭炮、摔炮、拉炮等各类烟花爆竹以及黑火药、烟火药、引火线等烟火制品；上述物品的仿制品。

（3）请勿携带以下器具：匕首、三棱刀（包括机械加工用的三棱刮刀）、带有自锁装置的弹簧刀以及其他类似单、双刃刀等；除管制刀具以外，可能危及旅客人身安全的还有菜刀、餐刀、屠宰刀、斧子等利器；警棍、催泪器、催泪枪、电击器、电击枪、射钉枪、防卫器、弓、弩等其他器具。

（4）请勿携带以下易燃易爆物品：氢气、甲烷、乙烷、丁烷、天然气、乙烯、丙烯、乙炔（溶于介质的）、一氧化碳、液化石油气、氟利昂、氧气（供病人吸氧的袋装医用氧气除外）、水煤气等压缩气体和液化气体；汽油、煤油、柴油、苯、乙醇（酒精）、丙酮、乙醚、油漆、溶剂油、松香油及含易燃溶剂的制品等易燃液体；红磷、闪光粉、固体酒精、赛璐珞、发泡剂 H 等易燃固体；黄磷、白磷、硝化纤维（含胶片）、油纸及其制品等自燃物品；金属钾、钠、锂、碳化钙（电石）、镁铝粉等遇湿易燃物品；高锰酸钾、氯酸钾、过氧化钠、过氧化钾、过氧化铅、过氧乙酸、过氧化氢等氧化剂和有机过氧化物。

（5）请勿携带以下剧毒性、腐蚀性、放射性、传染性、危险性物品：氰化物、砒霜、硒粉、苯酚等剧毒化学品以及"毒鼠强"等剧毒农药（含灭鼠药、杀虫药）；硫酸、盐酸、硝酸、氢氧化钠、氢氧化钾、蓄电池（含氢氧化钾固体、注有酸液或碱液的）、汞（水银）等腐蚀性物品；放射性同位素等放射性物品；乙肝病毒、炭疽杆菌、结核杆菌、艾滋病病毒等传染病病原体；《铁路危险货物品名表》所列除上述物品以外的其他危险物品以及不能判明性质可能具有危险性的物品。

（6）请勿携带以下危害列车运行安全或公共卫生的物品：可能干扰列车信号的强磁化物，有强烈刺激性气味的物品，有恶臭等异味的物品，活动物（导盲犬除外），可能妨碍公共卫生的物品，能够损坏或者污染车站、列车服务设施、设备、备品的物品。

（7）限量携带以下物品：不超过20毫升的指甲油、去光剂、染发剂；不超过120毫升的冷烫精、摩丝、发胶、杀虫剂、空气清新剂等自喷压力容器；安全火柴2小盒；普通打火机2个。

（8）其他禁止和限制旅客携带的物品按照国家法律、行政法规、规章规定办理。

（9）违规携带上述物品，依照国家法律法规有关规定处理。

2. 乘坐火车携带物品重量、体积、尺寸有何规定？

城市居民乘坐火车免费随身携带物品重量：儿童10千克，

外交人员 35 千克，其他旅客 20 千克。物品体积、尺寸要求是：每件物品尺寸长、宽、高之和不超过 160 厘米。杆状物品不超过 200 厘米，重量不超过 20 千克。残疾人代步所用的折叠式轮椅不计入上述范围。

3. 铁路对行李托运有何要求？

居民托运行李每件最大重量为 50 千克。体积以适于装入行李车为限，但最小不得小于 0.01 立方米。涉及国家限制运输的物品，须在办理托运时提供有关主管部门的运输证明。行李中不得夹带货币、证券、珍贵文物、金银珠宝、档案材料等贵重物品和国家禁止、限制运输的物品、危险品。居民在乘车区间内凭有效客票，每张可托运一次行李，残疾人车不限次数。

4. 城市居民乘坐火车时要注意哪些安全事项？

为了自身安全，城市居民乘坐火车时要注意以下安全事项：

（1）进站、上车时，要听从工作人员的指挥，车站广场、站台及车厢内人多拥挤，要有序排队进站、检票、上车，避免互相拥挤而发生踩踏事故。

（2）在站台候车时不要跨越安全线，以免被列车卷下站台而发生危险。

（3）上、下车要等火车停稳后按照秩序先下、后上，扶住车门扶手以防踏空跌倒而受伤。

（4）出站时，要按照规定的路线行走，不要横穿轨道；需要过轨道时，要注意安全，不要在列车前、后通过，更不要在车底穿行。

（5）火车行进中，请不要把头、手、胳膊伸出窗外，以免被沿线的设备等刮伤。

（6）火车行进中、停车时，不要向车窗外乱扔废弃物，以免砸伤铁路边的行人、工人。

（7）火车行进中，不要在车厢连接处逗留，避免发生夹伤、扭伤、卡伤等事故。

（8）晕车的居民要记得准备晕车药。

5. 城市居民乘坐高铁时要注意哪些安全要求？

（1）坐车前，要了解乘坐高铁的安全规定，不要携带危险物品和危险动物乘车。

（2）进站时，要配合安全检查。高铁在开车前5分钟停止检票。上车前，居民要预留充足的时间，携带好身份证等有效身份证件，积极配合安检、实名制车票的抽检。

（3）高铁车内禁止吸烟。即使在洗手间、车厢连接处，也不准吸烟，抽烟会影响行车安全。车上有烟感检测装置，车内吸烟是要罚款的。

（4）行李的重量方面，成人乘坐动车组列车携带行李重量不超过20千克，儿童10千克，体积方面是长宽高相加不得超过130厘米。

（5）列车停靠经停站时最好不要下车。因为列车在各经停站一般只停一两分钟，非到目的站，不要下车。

（6）下车时，待动车组停稳后有序下车，不要拥挤，防止跌倒或发生踩踏事故。

（7）紧急情况下可逃生。动车车厢四角上都有破窗锤和逃生窗，遇到紧急情况下可以破窗逃生。遇到紧急情况时，最好在乘务人员指导下逃生。

第五章　城市居民乘坐电梯安全应急常识

电梯是城市高层、超高层建筑物中的现代化交通、运输工具。电梯也是一种机电一体化、智能化的特种设备。随着社会和经济发展，我国的高层建筑越来越多，电梯数量也大量增加。电梯给我们城市居民带来方便的同时，也会发生安全事故。2015年7月26日，湖北省荆州市某商场，一名女子带着小孩经手扶电梯上楼，电梯踏板突然塌陷，该女子被卷入电梯身亡。据统计，2019年，全国有电梯709.75万台，发生电梯事故33起，死亡29人。为了安全，我国将电梯列入特种设备范畴进行管理。现代社会，城市居民出行经常要乘坐电梯。为了保障自己和家人安全，学习电梯安全应急常识十分必要。

1. 电梯是谁发明的？

1852年，美国人奥的斯制造了一台货运升降梯来装运公司的产品。1854年，在纽约水晶宫举行的世界博览会上，他站在装满货物的升降梯平台上，命令助手将平台拉升到观众都能看得到的高度，然后发出信号，令助手用利斧砍断了升降梯的提拉缆绳。站在升降梯平台上的奥的斯先生向周围观看的人们挥手致意。这就是人类历史上第一部安全升降梯。

2. 电梯按用途分有哪些种类?

按用途分,电梯有以下种类:乘客电梯、载货电梯、医用电梯、杂物电梯、观光电梯、车辆电梯、船舶电梯、建筑施工电梯。除上述常用电梯外,还有些特殊用途的电梯,如冷库电梯、防爆电梯、矿井电梯、电站电梯、消防员用电梯等。

3. 乘坐电梯时,需要注意哪些安全应急事项?

为了安全,乘坐电梯时,居民需要注意以下安全应急事项:一是要查看电梯是否有安全检验合格标志,是否超过检验日期,如果没有安全检验合格标志、超过检验日期,存在安全隐患,建议不要乘坐。二是要看清楚电梯轿厢是否停靠在本层。如果不是停靠在本层,不要盲目进入电梯,防止发生坠落井道事故。三是候、乘电梯时,不要踢、撬、扒、倚层门,防止坠入井道或发生被轿厢剪切等危险。四是电梯超载报警时,不要挤入轿厢或搬入物品,防止发生事故。五是不要用手、脚或物品阻止轿厢门关闭,防止受伤。六是电梯运行时要尽量离开门口站立,站稳扶好。七是电梯到站停止后如果不开门,可以按开门按钮打开轿厢门,不要强行打开轿厢门,防止发生坠落井道事故。八是不要在运行的电梯内嬉戏、玩耍、打架、跳跃,也不要乱摁按钮,防止出现电梯安全装置误动作,发生事故。

4. 电梯载客数量、载重有限制吗?

电梯的载客数量、载重在电梯内已经标明。为了安全运行,不能超载。一旦超载,电梯会自动报警,停止运行。

5. 电梯运行中遇到突然停电是否有危险？

电梯本身设有电气、机械安全装置，一旦停电，电梯的制动器会自动制动，使电梯不能运行。电梯运行中如遇到突然停电，电梯会自动停止运行，不会有什么危险。

6. 为什么不能在垂直电梯里蹦跳？

电梯轿厢上设置了很多安全保护开关。如果在轿厢内蹦跳，轿厢就会严重倾斜，有可能导致保护开关动作，使电梯进入保护状态。这种情况一旦发生，电梯会紧急停止运行，造成乘梯人员被困。

7. 发生火灾、地震时，居民能乘坐垂直电梯逃生吗？

不能！发生火灾、地震时，居民不能使用电梯逃生，应选择楼梯安全出口逃生。乘坐电梯逃生可能会发生危险。发生火灾时，如果居民仍在电梯内，可能因火灾停电被困，也可能在电梯内被火灾产生的浓烟围困而受到伤害。发生地震时，居民可能因停电或房屋受损被困在电梯里，无法逃生。

8. 乘坐垂直电梯时，被困电梯应怎么办？

城市居民被困于电梯内时不要惊慌，应采取以下方式处置：一是可以通过轿厢内设警报按钮、电话呼救或对讲机向物业或维保单位求救，或者拨打110求救。二是拍门叫喊，或脱下鞋子用鞋拍门，发信号求救。如无人回应，务必镇静，观察动静，保持体力等待营救，不要不停呼喊。三是居民困在电梯里无法确认电梯所在位置时，千万不要强行扒门，不要通过其他危险方式离开电梯。强行扒门就很危险，容易造成人身伤害。

9. 乘坐垂直电梯时，遇电梯下坠如何自救？

如遇电梯下坠，建议通过以下方法进行应急处置：一是马上按下电梯内每一层楼的按键，当紧急电源启动时，电梯便会停止继续下坠。二是如果电梯设有手把，双手紧握之，这样不会因为重心不稳而摔伤。三是个人可以由头到背部紧贴电梯墙壁，使身体尽量紧贴电梯壁，利用电梯壁作为脊椎的防护。四是弯曲膝盖，韧带是人骨中最具弹性的组织，居民可以借助韧带来减轻骨头承受的压力。五是把脚跟提起，就是踮起脚尖扶住扶手或电梯壁。

总之，当发现电梯下坠时，首先想办法固定自己的身体；其次是要运用电梯墙壁做防护，紧贴墙壁对脊椎可以起到一定的保护作用；最后，最重要的，借用膝盖弯曲来承受重击压力。因此，遇电梯下坠，为尽量减少伤害，要背部紧贴电梯内壁、膝盖弯曲、脚尖踮起。

10. 乘坐自动扶梯要注意哪些安全事项？

居民乘坐自动扶梯时，要注意以下安全事项：一是乘坐手扶电梯前，检查好自己鞋带是否系好，衣服是否会被卡住，女士长裙子是否过长，以免卡到电梯的缝隙里发生危险。二是带小孩乘坐扶梯时，居民要时刻紧紧抓住孩子，不能让孩子随便走动、乱跑、逆行等，以免发生危险。三是居民乘坐手扶电梯要特别注意

握紧扶手，防止在扶梯上跌倒而发生危险。四是双脚都应该注意并紧站在黄色安全警示框内，不要伸出梳齿板外，避免发生危险。五是体弱老人要在健康成年人搀扶和陪同下乘坐电梯，避免发生事故。

11. 城市居民带儿童乘坐自动扶梯要注意哪些安全事项？

一般来说，儿童活泼好动、好奇心强，一不小心就可能会发生危险。城市居民带儿童乘坐手扶梯时，要注意以下安全事项：一是儿童要在健康成年监护人搀扶和陪同下乘坐手扶电梯，不要让孩子单独乘坐，避免发生事故。二是如果孩子还小，家长要牵着孩子的手或抱小孩乘坐。三是教育孩子不要将手放入自动扶梯

的梯级和围裙板的间隙内，不要将鞋子或者衣物触及自动扶梯的挡板，防止发生危险。四是不要让孩子逆行、攀爬、追赶或玩耍。五是告诫孩子不要将身体靠在自动扶梯的扶手上，避免扶手和梯级不同步而发生意外。六是带孩子外出乘坐自动扶梯时，不要让他们穿洞洞鞋、软底鞋，最好不要穿有鞋带的鞋，也别让孩子光脚乘坐手扶梯。部分洞洞鞋的材质是聚乙烯树脂，这种材料的特点就是材质软、容易变形，孩子穿着洞洞鞋时难发力、易打滑，很容易被自动扶梯夹住。系带鞋的鞋带很容易掉入自动扶梯的缝隙里，从而把鞋子也扯进去，进而会夹到脚趾而受到伤害。

第六章　城市居民公共场所和大型群众性
活动安全应急常识

　　近年来，城市公共场所和大型群众性活动安全事故时有发生。如 2007 年 11 月 10 日，重庆市沙坪坝区某超市组织促销活动，因参加抢购商品顾客太多而发生踩踏事故，造成 3 人死亡、31 人受伤。2013 年 12 月 11 日，深圳市光明新区某农副产品批发市场发生重大火灾事故，造成 16 人死亡、5 人受伤。日常生活中，城市居民有时会前往公共场所或参加大型群众性活动，学习城市公共场所和大型群众性活动安全应急知识，提高个人和家人自我保护能力，对于城市居民来说十分必要。

1. 什么叫城市公共场所？

　　城市公共场所是指城市对公众开放的地方，公众可以去的地方。也是指城市供公众从事工作、购物、学习、娱乐、体育、社交、参观、旅游和部分生活需求的一切公用建筑物、场所及其设施的总称。城市公共场所包括：宾馆、饭店、影剧院、学校、歌舞厅、夜总会、大型商场、超市、体育场馆、公共交通车站、码头、候机大厅和大型集会、演出活动等人员高度密集的场所。

2. 何为大型群众性活动？

　　为了加强对大型群众性活动的安全管理，保护公民生命和财产安全，国务院《大型群众性活动安全管理条例》明确规定，大型群众性活动是指法人或者其他组织面向社会公众举办的每场次预计参加人数超过 1000 人的下列活动：一是体育比赛活动；二是演唱会、音乐会等文艺演出活动；三是展览、展销等活动；四是游园、灯会、庙会、花会、焰火晚会等活动；五是人才招聘会、现场开奖的彩票销售等活动。

3．在公众场所参加大型群众性活动，城市居民可能会有什么危险？

城市公共场所有时人比较多。城市居民到公众场所参加大型体育比赛、演唱会、音乐会、展览、展销、游园、灯会、庙会、花会、焰火晚会、人才招聘会、现场开奖的彩票销售等大型活动时，可能会因小的事故、事件引发的重特大群死群伤拥挤、踩踏事故而受到伤害。有些活动即使在室内举行，也可能会因火灾事故、踩踏事故而使居民受到伤害。

4．城市居民参加大型群众性活动应当遵守哪些安全规定？

按照国家有关法规规定，城市居民参加大型群众性活动时应当遵守下列规定：一是遵守法律、法规和社会公德，不得妨碍社会治安、影响社会秩序；二是遵守大型群众性活动场所治安、消防等管理制度，接受安全检查，不得携带爆炸性、易燃性、放射性、毒害性、腐蚀性等危险物质或者非法携带枪支、弹药、管制器具参加活动；三是服从安全管理，不得展示侮辱性标语、条幅等物品，不得围攻裁判员、运动员或者其他工作人员，不得投掷

杂物。

5. 举办大型群众性活动时应当具备哪些条件？

按照国家有关规定，在城市举办大型群众性活动应当符合下列条件：一是承办者是依照法定程序成立的法人或者其他组织；二是大型群众性活动的内容不得违反宪法、法律、法规的规定，不得违反社会公德；三是具有符合规定的安全工作方案，安全责任明确、措施有效；四是活动场所、设施符合安全要求。另外，国家有关规定还明确：大型群众性活动的预计参加人数在 1000 人以上 5000 人以下的，由活动所在地县级人民政府公安机关实施安全许可；预计参加人数在 5000 人以上的，由活动所在地设区的市级人民政府公安机关或者直辖市人民政府公安机关实施安全许可；跨省、自治区、直辖市举办大型群众性活动的，由国务院公安部门实施安全许可。

6. 城市居民在公共场所要注意哪些安全事项？

为保障自身安全，城市居民在公共场所要注意以下安全事项：一是参加大型演唱会、大型运动会、大型比赛、大规模集会等大型公众活动时，入场前就要看清楚出口所在的位置和各种逃生标识，方便应急逃生时能迅速离开。二是进入大型商场、歌舞厅、影剧院等人多的地方时，要事先观察、记住逃生途径、通道，方便应急逃生时能迅速离开。三是参加演唱会、文艺表演等大型文艺活动时，一定要注意看台的踏板是否牢固，以防踏板不够牢固，发生坍塌事故而受到伤害。四是当活动现场发生意外事故时，居民不要盲目跟随拥挤的人群逃窜，要仔细观察周围场地，稳住惶恐心理后，寻找机会逃生。

7. 城市居民如何防止在公共场所受踩踏事故伤害？

　　城市公共场所有时人比较多，可能会因小的事故、事件引发重特大群死群伤的拥挤、踩踏事故。为保障自身安全，城市居民要防止在公共场所受到伤害，就要做到以下几点：一是在节假日、重大活动人流太大时，如非特别需要，尽量不前往公共场所。二是前往公共场所遇到拥挤的人群并发现人群开始骚动时，要时刻保持警惕，做好保护自己和家人的准备。三是当带着孩子特别是幼儿遭遇拥挤人群时，要把孩子抱起来，避免其在拥挤、混乱中被踩踏而受到伤害。四是当发现拥挤的人群朝着自己行走的方向涌来时，如果有地方可以暂避，应该马上躲避到一旁，避免被绊倒，避免自己被踩踏。五是当自己无法躲避时，切记不要逆着人流前进，那样非常容易被推倒在地而被踩踏。六是当居民身不由己陷入人群并遭遇拥挤人流时，不要采用体位前倾或者低重心的姿势行走，即便自己的鞋子被踩掉也不要弯腰去提鞋或系鞋带。如有可能，抓住附近坚固牢靠的东西，待人群过去后迅速而镇静地离开现场。七是如自己不幸被推倒，要设法靠近、面向墙壁，身体蜷成球状，双手在颈后紧扣，以保护自己身体最脆弱的部位，避免被踩踏而受到伤害。八是当发现自己前面有人突然摔倒了，要马上停下脚步，大声呼救，告知后面的人群不要向前靠近，防止他人被踩踏而受到伤害。

第七章　城市居民家居防火安全应急常识

火是一种发光、发热的化学反应，温度很高，也是能量释放的一种方式。城市居民生活中离不开火，如煮饭、炒菜等。火给城市居民生活带来便利的同时，一旦失控，也可能会带来灾难。火失控时，我们常常称为失火或火灾，将会危及居民生命和财产的安全。2008 年 11 月 8 日，江西省南昌市某区一栋住宅楼二层发生火灾，造成 3 人死亡、1 人受伤。2017 年 11 月 18 日，北京市某区一栋建筑发生重大火灾事故，造成 19 人死亡、8 人受伤。因此，为保障自己和家人的生命和财产安全，学习火灾预防安全应急知识，对城市居民来说十分必要。

1. 城市火警电话是多少？

我国的火警电话是 119。

2. 发生火灾的三要素指的是什么？

火灾发生的三要素是指同时具备可燃物、助燃剂、引火源。这三个要素缺少任何一个，火灾都不会发生和维持。因此，火源管控是城市居民防范火灾的关键。不在家中堆放大量可燃物是防止家居火灾的基础。

3. 城市居民如何预防火灾?

一般来说,城市居民要预防火灾,必须做到"八个重视":

一是重视家居防火,提高防火意识。要预防火灾,城市居民必须从思想上高度重视防火,牢固树立防火安全意识。只有思想上重视,行动上才能自觉做好防火工作,防止家庭火灾发生。

二是重视燃气使用安全。在使用燃气方面,居民在厨房使用液化天然气、石油气等烧水做饭时,要时刻有人看守,不远离厨

房。使用燃气热水器时，要防止燃气泄漏引发火灾。家里的燃气阀门、接头和管路连接要牢固，松动、老化时要及时维修、更换。燃气泄漏时，可以用肥皂液查漏，不能用明火查漏。一旦发现燃气泄漏，要迅速关闭气源阀门，打开门窗通风，严禁现场拨打手机、触动电器开关和使用明火，防止发生火灾。自己无法处理泄漏时，迅速通知煤气公司来维修处理。

三是重视电器使用安全。城市居民在生活中不要私拉、乱接电线和插座，要正确使用家用电器设备，不要用铁线、铜线等代替保险丝，不超负荷用电。居民用电暖器取暖时，要注意安全用电，及时清理周围的可燃物。

四是重视对小孩的家庭防火安全教育。家里有儿童的，要教育儿童不要玩火。家中打火机、火柴应放在儿童拿不到的地方，防止儿童玩火，引发火灾。

五是重视养成良好的防火习惯。居民在家时，不躺在床上、沙发上吸烟，不要乱丢烟头。点蚊香时，不要把蚊香放在可燃物附近。睡觉前，要检查无须使用的用电器具是否断电，明火是否熄灭。居民离家外出时，不要忘记关闭电源、燃气开关，防止发生火灾。

六是重视抓好火灾源头管理。居民家中不可存放超过0.5公升的汽油、酒精、天那水等易燃易爆物品，不能在家中大量、长期存放烟花爆竹。

七是重视家居周边的防火管理。切勿在走廊、楼梯口等处堆放杂物，要保证通道、安全出口的畅通，方便火灾时逃生。发现身边有火灾隐患，请及时清理、消除。

八是重视加强防火逃生应急演练。城市居民家庭成员平时要加强逃生应急演练，了解、掌握火灾逃生的基本方法，熟悉逃生路线，万一发生火灾，可以迅速逃生。

4. 城市居民遇到火灾怎么办？

城市居民如不幸遇到火灾，要注意做到以下几点：一是迅速通知家中亲人一起逃生，并及时拨打 119 报警。二是逃生过程中应当机立断，不要贪恋财物。三是由于火灾烟气具有温度高、毒性大的特点，而且烟气大多聚在上部空间。因此，逃生时用浸湿的棉被（或衣物），保护头部和身体，用湿毛巾捂住口鼻，确定逃生路线后，尽量将身体贴近地面匍匐（或弯腰）前行，用最快的速度冲到安全区域。四是当走廊、楼梯被烟火封锁时，被困人员要尽量使身体贴近地面逃生。五是当身上着火时，千万不要奔跑，可用就地打滚的方式压灭火苗。六是不要乘坐电梯逃生，也不要盲目跳楼逃生。可利用疏散楼梯、阳台、排水管等逃生，或把床单、被套撕成条状连成绳索，紧拴在窗框、铁栏杆等固定物上，顺绳滑下，或下到未着火的楼层脱离火场。七是居民若发现所有逃生线路被大火封锁时，应立即退回室内，用打开并晃动手电筒、挥舞衣物、呼叫等方式向窗外发送求救信号，等待救援。八是居民发现室外着火房门已发烫时，要用浸湿的被褥、衣物等堵塞门窗，并泼水降温，千万不要开门，以防大火窜入室内使自己和他人受到伤害。

5. 城市居民家中炒菜时油锅起火怎么办？

家中炒菜时油锅起火要及时处置，防止发生火灾。要采取以下方法处置：一是立即关闭燃气开关，切断气源；二是马上用锅

盖盖住灭火，不可以用水灭火；三是用灭火器灭火。

6. 目前市场上灭火器有哪些种类？

目前市场上灭火器的种类比较多。主要按照以下方式分类：一是按移动方式分有手提式、推车式等类型；二是按驱动灭火剂的动力来源分有储气瓶式、储压式、化学反应式等类型；三是按所充装的灭火剂分有泡沫、干粉、卤代烷、二氧化碳、清水等类型。

7. 城市居民家庭火灾一般应使用哪类灭火器灭火？

不同类型的灭火器有不同的使用范围。简易式灭火器适用于城市家庭火灾。简易式灭火器有 1211 灭火器、简易式干粉灭火器（有 BC 干粉灭火器、ABC 干粉灭火器）、简易式空气泡沫灭火器。

简易式 1211 灭火器、简易式干粉灭火器可以扑救液化石油气灶、钢瓶上角阀、煤气灶等处的初起火灾，也能扑救火锅起火、废纸等固体可燃物燃烧的火灾。简易式空气泡沫灭火器适用于油锅、蜡烛、煤油炉等引起的初起火灾，也能对固体可燃物燃烧的火进行扑救。

　　为了保障家居安全，一般来说，建议城市居民购置、配备简易式 ABC 干粉灭火器、简易式 1211 灭火器备用。

8. 城市居民如何使用简易式灭火器灭火？

　　城市居民使用手提式简易 ABC 干粉灭火器或简易式 1211 灭火器灭火时，应采取如下使用方法、步骤：一是将手提灭火器带到火场，距燃烧处 5 米左右，并上下颠倒几次。二是先拔出保险销，一手握住开启把，另一手握在喷射软管前端的喷嘴处；灭火器没有喷射软管的，可一手握住开启压把，另一手扶住灭火器底部的底圈托起。三是将喷嘴对准火燃烧处，用力握紧开启压把，使灭火器喷射。四是当被扑救可燃烧液体呈现流淌状燃烧时，居民应对准火焰根部由近而远并左右扫射，向前快速推进，直至火焰全部扑灭为止。

第八章　城市居民用电安全应急常识

　　近年来，我国城市因用电不当而引起的事故时有发生。2011年7月4日，广东省广州市增城区某地发生1起使用电热水器触电死亡事故。2015年10月21日，广东省茂名市滨海新区某地发生1起人员触电死亡事故。因此，学习用电基本知识，提高防范用电事故的技能，保护自身和家人生命、财产安全，对城市居民来说十分必要。

1. 城市用电引发的常见事故有哪些?

在我国,城市用电引发的常见事故主要有触电、电气火灾等事故。因用电不当或不慎引发的触电、火灾事故时有发生。

2. 触电是怎么回事? 人触电会有什么危险呢?

触电是人体直接接触带电的物体,导致一定量的电流通过人体,致使全身性或局部性组织损伤及脏腑功能障碍,甚至死亡。电流通过中枢神经和心脏时,可能会引起呼吸抑制、心室纤维颤动或心搏骤停,有的会出现休克,导致死亡。

3. 发生触电事故的原因有哪些?

一些城市居民用电安全知识缺乏,导致触电事故时有发生。从对以往触电事故的调查、分析来看,发生触电事故的原因很多,归纳起来,主要有以下几个方面:一是忽视用电安全,一些城市居民用电安全意识不强;二是缺乏电气使用安全知识或对用电知识一知半解,用电操作不当或操作失误导致触电事故的发生;三是用电安全管理不善,家庭用电没有装漏电保护开关等安全保护装置;四是供电线路年久失修,保护装置绝缘失效,导致人体接触时发生触电事故;五是违反用电安全操作规程而导致触电;六是购买了不合格的电气产品,存在漏电安全隐患,导致触电;七是因不小心接触裸露的供电线路导致触电;八是家用电器超期使用、老化漏电,导致触电;九是私拉、乱接电线引发触电。

4. 城市居民如何预防触电事故?

触电事故是城市家庭用电常见安全事故之一。防止触电事故

发生要做到以下几点：一是要加强用电常识的学习，树立安全用电意识，提高防范触电事故的能力；二是家庭装电、接线时，要请有电工牌照的电工或供电部门的相关人员来安装接线，不要私自乱拉、乱接电线；三是家庭装修时，家中应安装漏电保护开关，防止漏电引发触电；四是使用电器时，需要保护接地和保护接零的，应采取保护接地、保护接零措施，防止触电；五是家中的电路电线的外表层脱落后，要及时更换新电线或用绝缘胶布包好，防止引发触电；六是家庭打扫卫生时，不要用湿手接触电器、插头，不要用湿布擦洗电器设备，防止触电；七是身体、手不要触碰电线的剥落处，防止触电；八是插拔电源插头或拉电线时不要过分用力，防止将电线拉断引发触电；九是晒晾衣服时，不要将衣服挂在导电的电线上，防止触电伤人；十是不要私自拉

电网捕鱼、捕鼠等，防止触电伤人；十一是家中电器损坏时，要请专业维修人员维修，不要私自带电维修，防止触电；十二是家中有小孩的，要教育小孩不要玩弄电器，更不要把插座安装得太低或放在地上，防止小孩触摸引发触电；十三是外出活动时，不要爬电杆，不要爬变压器台，更不要在高压电线附近放风筝，防止发生触电事故；十四是刮台风、下暴雨导致城市输电线路断落时，居民千万不要去触碰，要派人看守，迅速通知有关单位断开电源，找电工或供电部门相关专业人员抢修；十五是购买家用电器时，要购买正规厂家生产的合格产品，防止因质量问题引发触电。

5. 发现有人不慎触电时，如何应急处理呢？

在城市，触电事故时有发生。当发现有人触电时，千万不要直接用手去拉人，防止自己同时触电。发现有人触电时，可以按照以下方法去救人：一是救人之前，要确保关掉所有电源，用干燥木棍等不导电的物体移开导电电线、电器，使触电者与电源或带电电器分开，然后才救人。二是触电者神志清醒的，应让其就地平躺，严密观察，暂时不要站立或走动。三是对于呼吸停止、心跳尚存的触电者，应采取人工呼吸抢救；对于心跳停止、呼吸尚存的触电者，应采取人工胸外心脏按压法抢救；对于心跳和呼吸都停止的触电者，应采取人工呼吸和胸外心脏按压两个方法实施抢救；同时要马上拨打120医疗救护电话求救，送医院救治。

6. 城市居民如何预防电器火灾事故呢？

电器火灾是城市用电常见的事故之一。要预防电器火灾事

故，保障家人生命和财产安全，需要做到以下几点：一是购买电器时，要购买正规厂家生产、有质量保证的电器产品；二是家庭装修时，要安装漏电保护装置，隐藏在墙内的电源线要放在专用阻燃保护套内，电源的进线开关匹配合理，使用2匹以上大功率空调机时应单独安装电源开关，防止超负荷用电；三是家庭安装电器时，要请持电工证师傅安装；四是安装或更换保险丝（保险片）时，要合理使用保险丝（保险片），切勿用铜、铁、铝等金属线代替保险丝，防止超负荷用电引发火灾；五是在电器开关、插座等易产生电火花的装置附近不要堆放煤油、酒精、汽油等易燃易爆物品，以防引发火灾；六是对于易发热的电器设备，使用时要保证电器通风良好，防止散热不良引发火灾；六是使用中的灯泡、电吹风筒、电饭煲、电熨斗、电暖器等电器设备会发热，要注意将它们远离易燃爆物品，防止引发火灾；七是当发现家里燃气泄漏时，应先关掉燃气开关，开窗通风透气，请专业人员维修，切勿随便开、关抽风机、排气扇等电器设备，也不能开、关电源，防止产生电火花引发火灾、爆炸事故。

7. 城市居民家中发生电器火灾时应怎么办？

在城市，使用电器或由于电线短路引发的火灾时有发生，当发现自己家中的电器或线路起火时，应采取以下方法抢救：一是要立即将电源开关总闸关掉，切断电源；二是电源没有切断时，千万不要用水去灭火，防止因水导电引发触电事故；三是关掉电源后，可用干粉灭火器对准着火点喷射灭火，或使用盖土、盖沙等方式将火扑灭；四是当发现自己无法将火扑灭时，应立即打119火警电话求救；五是当自己无法灭火时，要通知家人、邻居立即离开火场，转移到安全地带，防止火势扩大而伤害家人和邻居。

第九章　城市居民燃气使用安全应急常识

随着城市经济的发展，我国城市居民生产、生活中使用燃气已十分普遍。但是，由于一些居民对燃气认识不足、安全知识缺乏或使用不当，导致燃气事故时有发生。2018 年 1 月 31 日，贵州省六盘水市某公司发生一起煤气中毒较大事故，造成 9 人死亡、2 人受伤。2018 年 2 月 5 日，广东省韶关市某公司发生煤气泄漏中毒较大事故，造成 8 人死亡、10 人受伤。因此，对于城市居民来说，为了保障自身和家庭成员生命财产安全，学习、掌握燃气使用安全知识非常必要。

1. 燃气是指哪些类型气体？

目前，我国的燃气是指天然气、液化石油气、人工煤气。

2. 我国城市燃气主要使用哪些气源呢？

目前，我国城市燃气主要使用天然气、液化石油气等两大气源。

3. 什么是液化石油气？液化石油气有何特点？

液化石油气总称为液化气。它是在生产石油过程中，作为副产品而获得的化合物。它的主要成分有丙烷、丙烯、丁烷和丁烯。

液化石油气在常温常压下是气体，在常温加压或常压下降低温度，能够由气体变成液体。气态的液化石油气比空气重，泄漏后容易积聚在低洼处，如果使用不当，易发生火灾或爆炸事故。

4. 什么是人工煤气？人工煤气有什么特点？

人工煤气是由人工生产的煤气的总称。目前，人工煤气是煤等固体加工后获得的可燃气体。人工煤气含有一氧化碳，被人体吸入后易导致煤气中毒。人工煤气又是一种易燃、易爆的气体，如使用不当，会导致爆炸事故。因此，使用时需注意安全。

5. 什么是天然气？天然气有什么特点？

天然气是古生物遗骸长期沉积在地下慢慢转化及变质裂解而产生的气态碳氢化合物，具有可燃性，是一种理想燃料。天然气的主要成分为甲烷，比重0.65，比空气轻，具有无色、无味、无毒之特性。为了安全，城市居民使用的天然气添加了臭剂，方便泄漏时嗅辨。

6. 使用燃气会存在哪些危险？

燃气是一种清洁能源。它给我们生活带来方便的同时，也会给我们带来风险。如果使用不当，可能会发生燃气泄漏，带来发生煤气中毒、火灾、爆炸等事故的风险，也可能会引发群死群伤的事故，给居民带来伤害与财产损失。因此，要正确使用煤气，防范事故发生。

7. 发生燃气泄漏如何办？

当发现燃气泄漏时，应采取以下应急措施：一是要立刻关闭燃气总开关，切断气源；二是要迅速疏散家人、邻居离开泄气场所，到安全区域；三是要杜绝明火，严禁开、关一切电器设备（如电灯、排气扇、电风扇、抽油烟机、空调、电视、冰箱、门铃等），也不能打、接电话，防止产生火花引发事故；四是要立即轻轻地打开所有门、窗，让空气流动，燃气扑散；五是疏散人员并打开门窗后，要迅速到屋外安全区域打电话通知当地燃气部门检修抢修。

8. 城市居民如何防范燃气安全事故？

城市燃气事故时有发生，要防止燃气事故的发生，城市居民应做到以下几点：一是要树立安全意识，重视燃气事故的预防；二是要学习燃气安全常识，掌握防范事故的知识和处置事故的能力；三是购买燃气设备（如燃气热水器、燃气炉具等）时，要购买正规厂家生产的合格产品；四是安装燃气设备要请专业人士或销售厂家的专业人员安装；五是不要私自拆、装燃气管线；六是不能私自倾倒瓶装液化石油气瓶的残渣、残液；七是在燃气泄漏的情况下，不能开灯、打电话、开排气扇或开、关其他电器，以免产生火花引发火灾事故。

9. 城市居民如何进行用气安全检查？

日常生活中，城市居民要防范燃气事故的发生，就要加强安全检查，消除安全隐患。具体做法如下：一是使用燃气前，要认真对燃气设备、接管进行安全检查，防止燃气泄漏引发事故；二是使用燃气炉具时，要时常检查火是否被汤液扑灭；三是使用燃气后，要认真检查开关是否关好；四是出门前，要认真检查燃气总开关、燃气炉具开关是否关好，切忌外出办事时炉具未关，防止燃气泄漏引发火灾及燃气中毒事故。

10. 人为什么会煤气中毒?

　　煤气中含有较多一氧化碳。一氧化碳是一种无色、无臭、无味、无刺激的剧毒气体。煤气使用不当时会产生大量一氧化碳，一氧化碳被吸入人体，容易与血液中的血红蛋白结合，形成碳氧血红蛋白，使血红蛋白失去运输氧气的功能，从而造成人的缺氧状态，即一氧化碳中毒，俗称煤气中毒。健康人吸入过量的一氧化碳会发生煤气中毒，严重的还会导致死亡。煤气中毒主要是指

人吸入过量含有一氧化碳的人工燃气或因燃烧不彻底、不完全而产生的一氧化碳所引起的急性中毒。

11. 城市居民如何防止煤气中毒？

要防止煤气中毒，居民必须做到以下几点：一是燃气热水器、燃气炉具不要安装在卧室或家人活动的房间内；二是天气寒冷特别是在冬季时，用燃气热水器洗澡或燃气烧饭时，要保持使用环境通风；三是要注意看护好正在使用的燃气炉具，避免由于火苗被扑灭引起煤气泄漏导致煤气中毒；四是使用过程中，如果发现燃气热水器出现火苗呈红色、发黄冒烟、漏气等现象，千万不能继续使用，要请专业人员修理后才能使用；五是要经常检查燃气炉具、热水器等设备和胶管，检查是否老化、漏气，以免燃气泄漏引发中毒事故；六是用木炭打火锅、烧饭时，要保持室内通风，防止煤气中毒；七是不要在安装燃气炉具的厨房睡觉，防止煤气中毒。

12. 煤气中毒如何急救？

在城市地区，煤气中毒事故时有发生。当发现有人煤气中毒时，在医护人员到来前或护送中毒者去医院之前应采取以下办法进行急救：立即打开房门，使房间通风，并迅速将中毒者转移到通风良好、空气清新的地方抢救；对失去知觉、口吐白沫、脸色苍白等的严重中毒者，应迅速拨120医疗救护电话求救或送医院急救；迅速解开中毒者衣领、袖子、腰带等，确保呼吸畅通；对头痛、恶心、呕吐、四肢无力等轻度中毒者，要送附近医院急救；对于已停止呼吸的重度中毒者，应在拨打120医疗救护电话求救的同时，立刻进行人工呼吸和心脏按压抢救；在现场抢救中毒人员时，千万不要将火种带到中毒现场，防止引发次生事故；在对中毒者进行急救的过程中，要安排人员消除煤气泄漏隐患，以免发生次生中毒及火灾事故；在现场抢救中毒者时，抢救人员要佩戴有效防护面具，保持自身安全。

13. 城市居民如何安全使用瓶装液化石油气？

在我国城市，瓶装液化气给人们带来方便的同时，也带来安全事故风险。瓶装液化气引发的火灾、爆炸事故时有发生。要安全使用瓶装液化气，就必须做到以下几点：一是要购买正规厂家生产的气瓶及配件；二是气瓶必须经有关机构检验合格，未经检验合格不能使用；三是钢瓶充气时，应按照额定充装量进行充装，严禁超量充装；四是气瓶应放在通风、干燥的地方，应防止暴晒、雨淋，防止气瓶体生锈腐蚀；五是气瓶不要靠近明火，也严禁用火给气瓶加热，以保安全；六是气瓶要直立使用，严禁卧倒或倒立使用；七是搬运气瓶的过程中，要轻拿、轻放，严禁抛、滚、摔、撞击钢瓶，以免损坏气瓶，引发事故；八是严禁随意自行倾倒液化石油气残渣、残液，以免引发火灾事故；九是严禁在卧室使用瓶装液化石油气，防止引发事故；十是严禁私自拆、修气阀，如发现气阀、减压阀有问题，应及时送专业维修机构维修；十一是气瓶应严格按要求定期检查，不要超过检验期使用，不合格的钢瓶不要充气。

14. 城市居民如何安全使用燃气炉具？

目前，家庭使用燃气炉具十分普遍，但由于使用不当引发的

事故时有发生。为防止燃气安全事故发生，城市居民使用燃气炉具时，要注意以下几点：一是购买燃气炉具时，要选择正规厂家生产的合格产品及配件，并按照燃气种类选购对应的炉具；二是安装燃气炉具时，要请销售厂家安装师傅或专业人员安装；三是安装嵌入式炉具时，必须带有熄火保护装置，新嵌入的橱柜必须留有通风口，保持空气流通，防止燃气泄漏引发事故；四是安装燃气炉具的地方要保持通风良好；五是燃气炉具是不能安装在卧室的，使用燃气炉具的厨房不能住人，防止发生煤气中毒；六是使用燃气炉具过程中要有人照看，人离开要及时熄灭，防止汤水把火熄灭发生燃气泄漏事故；七是使用燃气炉具开火煮东西时不要睡觉，睡觉前要检查供气阀门和燃气炉具是否关好，防止漏气引发事故；八是发现燃气泄漏时，千万不要点火、开灯、打电话，也不要开、关任何电器，防止电火花引发爆炸或火灾；九是教育小孩不要玩弄燃气炉具，防止引发事故；十是燃气炉具旁边不要放置易燃、易爆物品，防止引发火灾、爆炸事故；十一是燃气炉具塑料软管有使用年限，要按时更换，燃气炉具的使用年限为 8 年。

15. 城市居民如何安全使用燃气热水器？

目前，热水器分为燃气热水器、电热水器、太阳能热水器等。燃气热水器常见的种类是快速式热水器，快速式燃气热水器按废气排放方式分为直排式燃气热水器、平衡式燃气热水器。为了确保安全，城市居民使用燃气热水器应注意以下安全事项：一是购买燃气热水器时，不要购买已淘汰的直排式热水器，尽量购买、安装正规厂家生产合格的热水器（如平衡式燃气热水器）；

二是安装热水器的地方要有良好的通风条件，防止发生煤气中毒；三是安装燃气热水器时，要请销售厂家派专业技术人员上门安装，或者请有资质的人员安装；四是家人洗澡时，要留意洗澡时间是否过长，如时间过长，要主动拍门询问，防止发生煤气中毒；五是要定期检查燃气胶管，防止老化、硬化损坏造成燃气泄漏引发的事故，胶管一般3年更换一次；六是不要超期使用燃气热水器，燃气热水器的使用年限为8年；七是不要私自拆、装、维修燃气热水器，防止引发事故。

第十章　城市居民防台风安全应急常识

台风，是我国常见的自然灾害之一。特别在我国沿海城市，台风灾害多发，有时会给城市居民生命和财产带来巨大损失。据有关部门统计，2015 年有 27 个台风生成，其中有 6 个在我国登陆。其中，台风"彩虹"登陆广东，共造成 19 人死亡，经济损失超过 240 亿元。2018 年 9 月 16 日，台风"山竹"在广东台山市登陆，登陆时中心附近最大风力 14 级（45 米/秒，相当于 162 千米/小时），造成我国广东、广西、海南、湖南、贵州 5 省（区）近 300 万人受灾，5 人死亡、1 人失踪，160.1 万人紧急避险转移和安置，1200 余间房屋倒塌，农作物受灾面积 1744 平方千米，直接经济损失 52 亿元。因此，学习防台风安全应急常识，掌握防台风技能，做好防台风工作，最大限度地防范台风带来的伤害，对城市居民来说十分重要。

1. 台风是什么？

台风，是生成于西北太平洋和南海一带热带海洋上的热带气旋系统，专业名称为"热带气旋"。实际上，台风就是在大气绕着自己的中心急速旋转，同时又向前移动的空气涡旋。它在北半球做逆时针方向转动，在南半球上做顺时针方向旋转。气象学上将大气的涡旋称为气旋。台风这种大气中的涡旋产生于热带洋面，所以称为"热带气旋"。不同的国家对"热带气旋"有不同

的称谓，我国以及东亚地区称"热带气旋"为"台风"。

2. 台风是怎样形成的？

台风发源于热带洋面。热带洋面温度高，大量的海水被蒸发到空中，形成一个低气压中心，随着气压的变化和地球自身的运动，流入的空气也旋转起来，形成一个旋转的空气旋涡，这就是"热带气旋"。只要气温不下降，这个"热带气旋"就会越来越强大，最后形成我们常称的"台风"。

3. 台风（热带气旋）是如何分级的？

根据热带气旋分级标准，我国将热带气旋分6个级别：热带低压（中心最大风力为6～7级，风速10.8～17.1米/秒）、热带风暴（中心最大风力为8～9级，风速17.2～24.4米/秒）、强热带风暴（中心最大风力为10～11级，风速24.5～32.6米/秒）、台风（中心最大风力为12～13级，风速32.7～41.4米/秒）、强台风（中心最大风力为14～15级，风速41.5～50.9米/秒）、超强台风（中心最大风力为16级或以上，风速大于或等于51.0米/秒）。

4. 台风预警信号如何分级？

我国根据逼近时间和强度，将台风预警信号分为四级，分别以蓝色、黄色、橙色和红色表示。

5. 不同级别台风预警信号有何含义？

根据我国气象部门的有关规定，不同级别的台风预警信号有着不同的含义：

（1）台风蓝色预警信号，其含义是 24 小时内可能或者已经受热带气旋影响，沿海或者陆地平均风力达 6 级以上，或者阵风 8 级以上并可能持续。

（2）台风黄色预警信号，其含义是 24 小时内可能或者已经受热带气旋影响，沿海或者陆地平均风力达 8 级以上，或者阵风 10 级以上并可能持续。

（3）台风橙色预警信号，其含义是 12 小时内可能或者已经受热带气旋影响，沿海或者陆地平均风力达 10 级以上，或者阵风 12 级以上并可能持续。

（4）台风红色预警信号，其含义是 6 小时内可能或者已经受热带气旋影响，沿海或者陆地平均风力达 12 级以上，或者阵风达 14 级以上并可能持续。

6. 在城市地区，台风来临前城市居民要做哪些防御工作？

在受台风影响的地区，特别是在沿海城市的居民，要防止台风伤害，或者尽量减少因台风带来的损失，在台风来临之前应该做好以下几项工作：

（1）要通过城市电视、广播、手机信息或打"12121"天气预报查询电话等渠道了解台风要登陆的地区，以便做好预防工作。

（2）气象台发出台风警报后，要密切关注台风动态，尽量不外出活动，外出人员要避风，防止受到伤害。

（3）台风可能会给人身安全带来危险，也可能会影响往返行

程，台风天气尽量避免外出旅游。

（4）台风到来时往往会出现暴雨，容易引发滑坡、泥石流等地质灾害。身处地质灾害易发区的居民要提高警惕，做好随时撤离的准备；住在海边、江边、河边等地势较低地方的居民更要提高警惕，随时做好迁移到地势较高地方的准备，防止受到伤害。

（5）台风到来可能会引发交通中断、食物短缺，可能会造成大面积的停水、停电，居民要准备好电筒、蜡烛、应急灯，而且还要准备不易腐烂变质的食品、蔬菜和水等食物，以备急需之用。

（6）台风来临前，居民应关好门窗。住在高层的居民要收拾好阳台的物品，及时搬移屋顶、窗口、阳台处花盆、悬吊物等，固定好室外晒衣杆等物品，检查室外空调、太阳能热水器等物品是否稳固，以免被风吹走，高空落物伤害他人。

7. 台风过后，城市居民要注意哪些安全事项？

台风预警信号解除后，如果不注意安全，还可能受到因台风引起的伤害（如触电、高空落物等）。台风过后，为确保自身和家人的安全，应该做到以下几点：

（1）台风过后，居民不要以为台风一过就安全没事了，还要通过新闻了解是否真正停风了，防止因风未停外出而受到伤害。

（2）台风往往带来暴雨。台风刚过，一些地方的道路可能会受损或受到封锁。此时，居民不要冒险强行立即经过，以免发生危险。

（3）台风过后，不要立即前往容易发生山体滑坡、泥石流等地质灾害的危险区域，避免发生危险。

（4）台风来临时往往带来暴雨，台风过后最好不要立即前往城市容易积水的地区，避免发生危险。

（5）台风刚过，居民要避免走不坚固的桥，防止因台风吹过松动而发生危险。

（6）台风过后，居民看到落地或浸在水中的电线，千万要注意，不要随便靠近，被风吹落的电线可能带电，防止发生触电事故。

（7）台风过后，外出时要注意高空坠物，防止因高空落物而受到伤害。

（8）台风过后，居民要检查自己家的电线线路是否受损，以免因漏电引发事故而受到伤害。

（9）台风过后，居民要检查自己家的煤气管路是否受到损坏，以免因漏气引发事故而受到伤害。

第十一章 城市居民防暴雨安全应急常识

　　暴雨是一种自然现象，是降水强度很大的雨。在我国城市，特别是南方城市，在雨季经常会有暴雨。特大暴雨是一种灾害性天气，往往会造成洪涝灾害和严重水土流失，导致工程失事、堤防溃决等重大经济损失。特别是在一些地势低洼、地形闭塞的地区，雨水不能迅速排泄造成土壤水分过度饱和，进而造成更多的灾害。历史上的洪涝灾害几乎都是由暴雨引起的。据有关史料记载，1931 年我国中部的洪灾、1954 年 7 月长江流域发生的特大洪水、1963 年 8 月河北的洪水、1975 年 9 月河南大涝灾、1998 年中国全流域特大洪涝灾害等都是由暴雨引起的。历史上几次大暴雨形成大洪灾都造成重大人员伤亡和财产损失。其中，1931 年洪灾有 300 多万人因水溺、疫病、饥饿而死亡。1998 年特大洪涝灾害也造成了重大人员伤亡和财产损失。因此，了解、学习、掌握城市防暴雨安全应急常识，防止暴雨引发洪灾、泥石流等带来的伤害，保护自己的生命和财产安全，对于城市居民来说十分必要。

1. 什么叫暴雨？

　　暴雨是 24 小时降水量为 50 毫米或以上的雨。一般指每小时降雨量 16 毫米以上，或连续 12 小时降雨量 30 毫米以上，或连续 24 小时降雨量 50 毫米以上的降水。据有关资料记载，世界上最大的暴雨出现在南印度洋上的留尼汪岛，24 小时降水量为1870 毫米。中国最大的暴雨出现在台湾新寮，24 小时降水量为1672 毫米，均是热带气旋活动引起的。

2. 暴雨强度分几个等级？

按降水强度大小分为三个等级，即 24 小时降水量为 50～99.9 毫米称"暴雨"；24 小时降水量为 100～250 毫米称为"大暴雨"；24 小时降水量为 250 毫米以上的称为"特大暴雨"。

3. 暴雨有何特点？

我国是多暴雨国家之一，全国各地均有可能下暴雨。主要特点：一是在时间上，夏季多而冬季少，主要出现在夏季风活跃的下半年。4—6 月间，华南地区暴雨频频发生。6—7 月间，长江中下游地区常有持续性暴雨出现，历时长、面积广、暴雨量也大。7—8 月是北方地区各省的主要暴雨时段，暴雨强度很大。8—10 月雨带又逐渐南撤。夏秋之后，东海和南海台风暴雨十分活跃。冬季暴雨局限在华南沿海地区。二是暴雨的地域分布是南方地区暴雨多，北方地区暴雨少。三是由于海洋天气影响，沿海地区暴雨多，而西北内陆地区暴雨少。四是迎风坡侧暴雨多，背风坡侧暴雨少。五是暴雨作为一种灾害性天气，往往会造成洪涝灾害和严重的水土流失，导致工程失事、堤防溃决和农作物被淹等重大经济损失，还可能会造成重大人员伤亡。因此，暴雨前，城市居民要充分做好防暴雨安全应急准备工作。

4. 暴雨怎样形成的?

暴雨是指降水强度很大的雨，常在积雨云中形成。暴雨形成的过程、原因是相当复杂的。从宏观物理条件来说，产生暴雨的主要物理条件是充足的源源不断的水汽、强盛而持久的气流上升运动和大气层结构的不稳定。形成积雨云的条件是大气中要含有充足的水汽，并有强烈的上升运动，把水汽迅速向上输送，云内的水滴受上升运动的影响不断增大，直到上升气流托不住时，就急剧地降落到地面。暴雨常常是从积雨云中落下的。积雨云体积通常相当庞大。一块块积雨云就是暴雨区中的降水单位。在中国，暴雨的水汽一是来自偏南方向的南海或孟加拉湾；二是来自偏东方向的东海或黄海。有时在一次暴雨天气过程中，水汽同时来自东、南两个方向，或者前期以偏南为主，后期又以偏东为主。此外，在干旱与半干旱的局部地区，热力性雷阵雨也可造成短时、小面积的特大暴雨。

5. 我国暴雨预警信号分几个等级?

目前，我国暴雨预警信号分四级，分别以蓝色、黄色、橙色、红色表示。

6. 暴雨在城市有何危害?

暴雨是一种影响严重的灾害性天气。主要有以下危害：一是造成洪涝灾害。特大暴雨可能会冲毁道路、桥梁和居民房屋，导致交通、通信、供水、供电、供气中断，甚至造成人员伤亡。二是城市渍涝危害。由于暴雨急而大，排水不畅引起积水成涝，可能会造成重大财产损失。三是暴雨还可能引起山体滑坡、山泥倾泻等地质灾害。

7. 城市居民如何预防暴雨灾害?

当天气预报挂暴雨黄色预警信号时,城市居民要做到以下几点:一是暴雨来临前,关闭门窗,防止门窗渗水,防止雨水进入家中;二是要盖严实户外的有用物品,疏散户外低洼地区易浸物资,避免财产、物资被雨水渗漏而受损;三是切断低洼地带有危险的室外电源,防止短路而发生事故;四是住低洼地区的居民,家中一旦进水,要切断电源,防止触电受伤。

当天气预报挂暴雨橙色预警信号时,城市居民要做到以下几点:一是住在低洼地区的居民要关注泄洪预警,防止水淹;二是住在低洼地区的居民发现渍涝时,应关闭家中电源、煤气等设备;三是暴雨发生时,住在低洼地区的居民要及时清理屋前、屋后排水口,预防积水和排水不畅;四是暴雨发生时,开车者或行

人不要走有可能被水淹的地下通道或高架桥下面的通道，防止被水淹；五是暴雨发生时不要在河流中行走，急流可能使人跌倒；六是暴雨中尽量不要通过出现水浸的道路，防止被水淹。

当天气预报挂暴雨红色预警信号时，城市居民要做到以下几点：一是尽量不外出，暴雨中和刚下暴雨后切勿停留在溪涧和河道，也不要通过已被河水淹没的桥梁，防止发生意外；二是如发现自己房子可能被水淹，则应立即撤离居所，或按照政府指引到安全地方避灾；三是暴雨时应避免停留在洼地或山体附近，防止山体滑坡、泥石流带来伤害；四是开车外出时，要留意路面环境情况，预防山洪，避开积水和塌方路段，防止发生意外；五是外出时要注意外面电力设施，如看见电线滑落、电杆折断，要远离电线，防止触电，并立即报告电力部门抢修。

第十二章　城市居民防雷安全应急常识

雷电是一种极为普遍、极为壮观的自然现象。雷电灾害是城市自然灾害之一，也是一种常见的自然灾害，具有巨大的破坏力。雷击事故时有发生。2001 年 7 月 10 日，广东潮州市某地有 8 人在亭子里避雨，遭遇雷击，造成 6 人死亡、2 人受伤。2007 年 10 月 24 日，哥伦比亚的某足球队在训练中因遭雷击而酿成事故，被雷电击中的 2 名球员死亡、3 人受伤。因此，为防止受到雷击伤害，保障自己和家人的生命财产安全，居民学习防雷知识、提高自己的防雷技能很有必要。

1. 雷电是怎么回事？它是怎样产生的？

雷电是发生在大气层中声、光、电并发的一种自然现象，也是一种常见的大气放电现象。雷电产生于积雨云中。积雨云在形成过程中，一部分积聚起正电荷，另一部分积聚起负电荷。当这些电荷积聚到一定程度时，就会产生放电现象。放电发生在云层之间，就叫作云际闪电；发生在云层与大地之间，就叫作云地闪电。这两种放电现象就是俗称的打雷。打雷放电时间极短，电流却极大，有时电流可达到几万甚至到几十万安培，放电时产生的强光，俗称闪电。

2. 雷电会有什么危害？

打雷时，雷电产生强大电流，产生的电压可高达几万伏甚

至几十万伏，释放出大量热能，瞬时产生高温，会引燃附近易燃物体。当触及附近人和牲畜时，会致使人和牲畜烧伤，甚至导致死亡。当触及易燃易爆物体时，可能会引发火灾或爆炸事故发生，可能会导致居民生命和财产造成损失。

3. 打雷时，为何有时先见到闪光而后听到雷声？

打雷时，闪电和雷声是同时发生的，只不过光的传播速度极快，每秒达到 30 万千米，而雷声的传播速度只有每秒 300 多米，闪电光的传播速度比雷声的速度快得多，所以我们一般先看到闪光，而后听到雷声。

4. 在城市，居民如何防止受到雷电伤害？

在城市，雷电时有发生，要防止受到雷电伤害，居民要注意以下几点：

（1）雷雨天气时，关好门窗，最好不要外出，防止被雷击。

（2）雷雨天气时，如果身处野外，最好找一个能避雷的地方，若找不到避雷的地方，就要先蹲下来以降低身体的重心，并且双脚并拢，双手放在膝盖上，防止雷击时产生跨步电压而受伤，千万不要躺下，躺下更易受"跨步电压"伤害。

（3）打雷时，如果在户外，躲入汽车里面并关好车门能防止被雷击。

（4）雷雨天气时，不要接触天线、水管、铁丝网、金属门窗等能导电的金属物体。

（5）雷雨天气时，最好不要在野外用手机打、接电话，防止遭雷击。

（6）雷雨天气时，不要在大树下避雨，树下避雨容易遭雷击。

（7）雷雨天气时，要远离水面和水陆交界处，防止受到雷击。

（8）雷电发生时，要远离高压线和变电设备，不要在电杆、塔吊下避雨，防止受到雷击。

（9）雷雨天气时，不要停留在临时性棚屋、岗亭等无防雷设施的建筑物内。

（10）雷电发生时，最好不要在空旷场地打金属伞，防止受到雷击。

5. 打雷时，城市居民为什么不能在城市大树下避雨？

下雨时，特别是雷雨天气时，有的居民可能会在大树下避雨。这样十分危险！雷雨天气时，居民在大树下避雨，这样更容易被雷击！原因在于：雷雨天时，大树潮湿，是雷电的良导体，居民如果站在大树下面，当强大的雷电流通过潮湿大树流入地下向四周扩散时，居民会因为站立的两脚之间存在电压差而产生"跨步电压"。"跨步电压"容易使人体受到伤害。因此，在城市野外，雷电天气时，人不要在大树下避雨，以免受到伤害。

6. 雷雨天气时，城市居民为什么不能在海上、河中游泳？

雷雨天气时，城市居民不能去游泳，以免受到雷击伤害。原因在于：雷击具有一定的选择性，也存在一些易击点。在水、陆交界处，水的导电率比地面其他物体高，更易导电。水较地面其他物体更易引雷击。同时，由于水、陆交界处是土壤电阻与水电阻的交界处，会形成一个电阻率变化较大的界面，雷电更容易趋向这些地方。因此，雷电天气时不要游泳，防止受到雷击伤害。

7. 人被雷击后如何急救？

万一遇见有人不幸被雷击中后，可以采取以下方法急救：第一步是迅速将受伤者转移到能避开雷电的安全地方；第二步是将受伤者就地平卧，解开衣扣、腰带，头后仰，并保持呼吸道畅通；第三步，呼吸困难的，应立即进行口对口人工呼吸和胸外心脏按压术，一直坚持到伤者苏醒为止。同时，发生雷击后，要立即拨打医疗救护电话 120 求救或送伤者去医院急救。

第十三章　城市居民森林防灭火安全应急常识

　　森林是我们的地球之肺，是地球的绿色卫士。森林火灾是对地球森林资源破坏很大的一种森林灾害，是森林的大敌。据联合国粮农组织统计，世界每年森林火灾为 26 万次以上，烧毁森林面积 646.5 万公顷以上，约占世界森林面积的 1.9%。据有关资料统计，2019 年 8 月至 2020 年，澳大利亚持续发生森林火灾，周期长、影响大。截至 2020 年 1 月末，澳大利亚山火过火面积超过 1000 万公顷，造成 31 人死亡，2000 多栋房屋被毁。2020 年 7 月 28 日，世界自然基金会发布一份报告，显示 2019 年至 2020 年发生的澳大利亚森林大火，造成了近 30 亿只动物死亡或流离失所。2019 年 3 月 30 日，四川省凉山州木里县某地发生森林火灾，遇难人数达 31 人。因此，预防森林火灾是森林防灭火工作的关键，是保护森林资源的重要手段，是保护生活在森林里的居民生命和财产安全的重要工作，也是公民应尽的义务。我国大多数城市都有森林。学习森林防灭火知识，预防森林火灾发生，保护自身及他人生命和财产安全，对于城市居民，或者居住在森林里或进入森林工作、旅游的居民来说，十分必要。

1. 什么叫森林火灾？

　　森林火灾是指失去人为控制，在林地内自由蔓延和扩展，对森林、森林生态系统和人类带来一定危害和损失的林火行为。森林火灾是一种突发性强、破坏性大、处置救助较为困难的自然灾害。

2. 森林防火报警电话是多少？

森林防火报警电话是12119。

发生森林火灾及时报警，是我们每个公民的应尽义务。任何人发现森林火灾，千万不要惊慌失措，要及时报警。

3. 森林火灾有哪些种类？

根据森林火灾燃烧部位、性质和危害程度，可将森林火灾分为地表火、树冠火和地下火三大类。

（1）地表火：最常见的一种林火，指火从地表面地被物以及近地面根系、幼树、树干下皮层开始燃烧，并沿地表面蔓延的火灾。

（2）树冠火：是指地表火遇到强风或遇到针叶幼树群、枯立木或低垂树枝，烧至树冠，并沿树冠顺风扩展的火灾。

（3）地下火：地下火一般容易发生在干旱季节的针叶林内，火在林内根系、土壤表层有机质及泥炭层燃烧，蔓延速度慢、温度高、持续时间长，破坏力极强，经过地下火的乔木、灌木的根部被烧坏，大量树木枯倒。

4. 森林火灾等级如何划分？

依据国务院《森林防火条例》第四十条规定，按照受害森林面积和伤亡人数，森林火灾分为一般森林火灾、较大森林火灾、重大森林火灾和特别重大森林火灾：

（1）一般森林火灾：受害森林面积在 1 公顷以下或者其他林地起火的，或者死亡 1 人以上 3 人以下的，或者重伤 1 人以上 10 人以下的。

（2）较大森林火灾：受害森林面积在 1 公顷以上 100 公顷以下的，或者死亡 3 人以上 10 人以下的，或者重伤 10 人以上 50 人以下的。

（3）重大森林火灾：受害森林面积在 100 公顷以上 1000 公顷以下的，或者死亡 10 人以上 30 人以下的，或者重伤 50 人以上 100 人以下的。

（4）特别重大森林火灾：受害森林面积在 1000 公顷以上的，或者死亡 30 人以上的，或者重伤 100 人以上的。

所称"以上"包括本数，"以下"不包括本数。

5．森林火灾发生必须具备的三个条件是什么？

森林火灾发生必须具备三个条件：森林可燃物、火险天气和火源。

森林可燃物，按易燃程度可分三种。一是易燃物，在一般情况下，干燥、易燃，且燃烧速度快。这类可燃物包括：地表干枯的杂草、枯落叶、凋落树皮和小树枝等。二是燃烧缓慢可燃物，一般指颗粒较大的重型可燃物，如枯立木、树根、大枝、倒木、腐殖质等。三是难燃可燃物，指正在生长的草本植物、灌木和乔木。

火险天气，在森林可燃物和火源具备的情况下，森林火灾能否发生主要取决于火险天气。一般来说，火险天气也就是有利于发生森林火灾的气候条件，如气温高、降水少引起长期干旱、相对湿度小、风大等。

火源包括人为火和自然火。人为火指炼山、烧荒、吸烟、野炊、生产性用火等人为造成的森林火灾。自然火是指雷击、自燃引起的森林火灾。雷击火是最主要的自然火源。

6. 森林火灾的主要起因有哪些？

森林火灾的起因主要有两大类：人为火和自然火。

（1）人为火包括以下几种：一是生产性火源，如农、林、牧业生产用火，林副业生产用火，工矿运输生产用火等；二是非生产性火源，如野外炊烟、做饭、上坟烧纸、取暖等；三是故意纵火。

（2）自然火：包括雷击火、自燃等。由自然火引起的森林火灾约占我国森林火灾总数的1%。

7. 森林火灾会有什么危害和后果？

森林火灾是破坏地球森林资源的一种重大灾害。森林火灾不仅会烧毁成片的森林资源，还会伤害林内动物，降低森林的更新能力，引起土壤贫瘠并破坏森林涵养水源的作用，导致生态环境失去平衡，甚而还可能威胁到人的生命和财产安全。主要危害和后果有：

（1）森林火灾会烧死许多树木，降低林分密度，破坏森林结构；同时还会引起树种演替，由低价值的树种、灌丛、杂草更替，降低森林利用价值。

（2）森林火灾会造成林地裸露，失去森林涵养水源，造成水土流失，还可能引起水涝、泥石流、滑坡等其他自然灾害。

（3）森林火灾后被火烧伤的林木生长衰退，火灾同时为森林病虫害的大量衍生提供了有利环境，加速了林木的死亡。

（4）森林火灾可能会烧毁林区各种生产设施和建筑物，威胁住在森林附近地区居民的生命和财产安全。

（5）森林火灾可能会伤害林内动物，烧死并驱走珍贵的禽兽。

（6）森林火灾发生时会产生大量烟雾，污染空气环境。

（7）扑救森林火灾要消耗大量的人力、物力和财力，有时还可能会造成人身伤亡，造成大量经济损失。

8. 影响森林火灾的三要素是什么？

影响森林火灾的三要素是温度、湿度和单位可燃物的载量。温度增高，森林火灾危险增加。湿度降低，森林火灾危险也会增加。森林可燃物多，森林火灾危险增加。另外，风大，森林火灾危险也会增加。

9. 个人违规用火造成森林火灾会受到怎样的处罚？

违规用火造成森林火灾是一种过失危害公共安全的犯罪，在法律上称之为失火罪。失火罪是指由于行为人的过失引起火灾，造成严重后果，危害公共安全的行为。在实践中要根据情节轻重，决定如何处罚。

《中华人民共和国刑法》第一百一十五条规定：放火、决水、爆炸以及投放毒害性、放射性、传染病病原体等物质或者以其他危险方法致人重伤、死亡或者使公私财产遭受重大损失的，处十年以上有期徒刑、无期徒刑或者死刑。过失犯前款罪的，处三年以上七年以下有期徒刑；情节较轻的，处三年以下有期徒刑或者拘役。

《森林防火条例》第四十九条规定：违反本条例规定，森林防火区内的有关单位或者个人拒绝接受森林防火检查或者接到森林火灾隐患整改通知书逾期不消除火灾隐患的，由县级以上地方人民政府林业主管部门责令改正，给予警告，对个人并处 200 元以上 2000 元以下罚款，对单位并处 5000 元以上 1 万元以下罚款。第五十条规定：森林防火期内未经批准擅自在森林防火区内野外用火的，由县级以上地方人民政府林业主管部门责令停止违法行为，给予警告，对个人并处 200 元以上 3000 元以下罚款，对单位并处 1 万元以上 5 万元以下罚款。

10. 城市居民如何防止森林火灾？

森林火灾时有发生。森林火灾是一种危害性非常大的火灾，一旦发生森林火灾，一定会造成损失，有时还可能会导致人员伤亡。所以，前往林区的城市居民一定要注意做好森林防火工作，防止森林火灾的发生，防止受到森林火灾的伤害。具体要做到以下几点：

（1）要树立防火意识。前往林区的居民要充分认识森林火灾的严重性和危害性，树立防火意识，在思想上建立起一道"防火墙"，做到防患于未"燃"。

（2）严格控制野外生产用火。在森林特别防护期内，县级以上政府发出禁火令后，进入林区的居民应自觉向森林防火检查站交出随身携带的火种，不要在林中生火取暖，不在林中乱丢烟头，在林区不要夜间点火把照明等。从我做起，确保不因为自己的疏忽而引发森林火灾。

（3）严格遵守用火规定。城市地区的居民应遵守有关用火规定禁止在林区用火。

（4）推行文明祭祀。城市居民要自觉移风易俗，不在林区上坟烧纸和燃放烟花爆竹。培养文明的风俗习惯，把上坟烧纸祭祖改为向先人敬献鲜花、水果或种树等。进入林区祭祀，时刻都不要忘记森林防火。

（5）要做好林区旅游防火工作。到林区旅游、度假、狩猎、野炊的游客，要严格遵守旅游区用火规定，做好森林防火工作，防止违反规定用火导致森林火灾发生。

11．哪些人员不得参加森林火灾扑救？

扑救森林火灾要坚持以人为本、科学扑救。扑救森林火灾时特别要注意，不得动员残疾人、孕妇和未成年人以及其他未经训练、不适宜参加森林火灾扑救的人员参加扑救森林火灾。

第十四章　城市居民公共卫生安全应急常识

公共卫生安全问题是我们居民生活中的一个重要问题。也是我们居民十分关心且与自己生命安全相关的重大问题。公共卫生安全问题与我们城市居民息息相关，十分重要，时有发生。2002—2003 年发生非典（即 SARS）事件。2003 年 4 月 16 日，世界卫生组织（WHO）宣布，一种新型冠状病毒是 SARS 的病原，并将其命名为 SARS 冠状病毒。SARS 冠状病毒扩散至东南亚乃至全球，直至 2003 年中期疫情才被逐渐消灭，引发的是全球性传染病。2002 年 11 月至 2003 年 8 月 5 日，世界 29 个国家报告临床诊断病例 8422 例，死亡 916 例，报告病例的平均死亡率为 9.3%。2019 年开始流行的新型冠状病毒（2020 年 1 月世界卫生组织正式将其命名为 2019-nCoV），已在全世界造成重大人员伤亡，目前仍在全世界流行。因此，学习城市公共卫生安全知识，是城市居民提高自我保护意识，保护自身和家人生命安全的重要手段之一。

1. 什么是突发公共卫生事件？

我国《突发公共卫生事件应急条例》第二条明确定义：突发公共卫生事件是指突然发生，造成或者可能造成社会公众健康严重损害的重大传染病疫情、群体性不明原因疾病、重大食物和职业中毒以及其他严重影响公众健康的事件。

2. 在城市，可能出现哪些突发公共卫生事件？

在城市，可能出现以下几类突发公共卫生事件：一是重大传染病疫情；二是群体性不明原因疾病；三是群体性食物中毒；四是群体性职业中毒；五是其他严重影响公众健康的事件等。

3. 什么是传染病？

传染病是由各种病原体引起的，能在人与人、动物与动物或人与动物之间相互传播的一类疾病。病原体中大部分是微生物，小部分为寄生虫，寄生虫引起者又称寄生虫病。传染病有以下几个基本特征：一是有传染病的病原体，每一种传染病都有特异性的病原体，这些病原体可以是微生物，如细菌、病毒，也可以是寄生虫。二是有传染性，传染病与其他感染性疾病的主要区别在于传染病的传染性，意味着病原体可以通过某种途径感染他人，是需要隔离的。三是有流行性特征，传染病的流行需要传染源、传播途径和易感人群，有这三个基本条件才能够构成传染和流行。四是有免疫性，免疫功能正常的人在接触传染病病原体之后，都能产生针对这种病原体或者针对这种病原体毒素的特异性免疫，也就是产生特异性的抗体。传染病痊愈后，人体对同一种传染病病原体产生不感受性，称为免疫。不同的传染病，病后免疫状态有所不同。有的传染病患病一次后可终身免疫，有的还可感染。五是有季节性，指传染病的发病率在年度内有季节性升高，这与温度、湿度的改变有关。六是有地方性，某些传染病或寄生虫病，因其中间宿主受地理条件、气温条件变化的影响，常局限于一定的地理范围内发生，如虫媒传染病、自然疫源性疾病。目前，我国法定传染病分甲、乙、丙三个类型，35 个病种。

甲类传染病有两种，分别是鼠疫和霍乱。乙类传染病是比较多的，如传染性非典型肺炎、艾滋病、病毒性肝炎、肺结核等。丙类传染病主要包括流行性感冒、流行性腮腺炎、风疹等。国家根据传染病暴发、流行情况和危害程度，可以决定增加、减少或者调整乙类、丙类传染病病种并予以公布。

3. 城市居民如何预防传染病？

预防传染病主要采取如下措施：一是控制传染源，对于所有的传染病患者需要进行隔离治疗，根据传染方式的不同，它的隔离措施是不一样的，有的需要住院隔离，有的可以居家隔离。二是切断传播途径，根据传染病的传播方式不同，需要做适当的防护，这样可以有效地减少传染病对他人的传播。三是保护易感人群，对于一些密切接触者或者高危人群，可以注射疫苗或者免疫球蛋白，这样可以减少被感染的概率。

对于广大城市居民来说，预防传染病建议采取如下措施：一是注意个人卫生。建议个人平时做到勤洗手、勤洗澡、勤换衣服、勤晒被褥。饭前、饭后或接触异物后，使用肥皂和水彻底清洗手，然后用纸巾擦干。在没有流动水的地方，可以用免洗手消毒液、洗手液洗手。二是不要共享个人物品。共用毛巾、牙刷、剃刀、手帕和指甲钳都有可能传染细菌和真菌，不要共用。三是吃饭时尽量使用公筷、公勺。有些传染病通过饮食环节传播，建议尽量使用公筷、公勺吃饭。四是打喷嚏、咳嗽要掩住嘴。打喷嚏、咳嗽可以通过空气传播这些病毒、病菌。建议最好用手帕、纸巾、手臂或袖子遮住嘴，防止传染给别人。五是安全烹饪。新购置的食品，有的可以用冰箱冷藏。冷藏可以减缓或阻止大部分微生物生长。高温能杀死大部分病毒、病菌。家中的熟食、生食要用单独的砧板和菜刀切食。购回的蔬菜、水果食用前要用清水清洗干净。六是不要用手抠鼻子、嘴和眼睛。在日常生活中，城市居民要勤洗手，不要用不干净的手去接触鼻子、嘴和眼睛，防止传染病。七是谨慎接触动物。动物可能会传染疾病给人。八是尽量不前往疫区。如发生流感等可通过空气传播的疾病，要戴口罩。九是有条件的居民注射疫苗。人体免疫系统具有记忆先前感染的功能。通过接种疫苗，当身体遇到了以前引起感染的微生物时，它会提高白细胞和抗体的生产，以防止第二次感染。

4. 什么是职业卫生、职业病、职业中毒？

城市居民因工作场所、工作环境、职业卫生不符合要求引起职业病时有发生。如河南张某某"开胸验肺"事件。张某某从事破碎等工种，工作 3 年多后感觉身体不适，还有咳嗽、胸闷症状，一直以感冒治疗，后经多家医院检查，诊断其患有"尘肺病"，他怀疑与工厂的工作环境有关。从 2007 年 8 月开始，为了弄清病情，他长年奔波于郑州、北京多家医院反复求证，而某职业病法定诊断机构给出的专业诊断"肺结核病"结果，引起他的强烈质疑。2009 年他前往郑州某医院，"开胸验肺"以求真相，此事件在国内外造成很大影响。因此，城市居民学习职业卫生知识，在工作中预防职业病显得十分必要。

职业卫生是对工作场所内产生或存在的职业性有害因素及其健康损害进行识别、评估、预测和控制的一门科学，其目的是预防和保护劳动者免受职业性有害因素所致的健康影响和危险，使工作适应劳动者，促进和保障劳动者在职业活动中的身心健康和

社会福利。

职业病是指企业、事业单位和个体经济组织等用人单位的劳动者在职业活动中，因接触粉尘、放射性物质和其他有毒、有害因素而引起的疾病。目前我国的职业病通常是指法定的职业病（10 大类 132 种）。导致职业病的因素称为职业病危害。

职业中毒是指劳动者在生产劳动过程中由于接触生产性毒物而引起的中毒，是职业病的一种。根据国家有关规定，职业中毒的种类主要有：铅、汞、锰、镉、铊、钒、磷、砷及其化合物中毒，甲苯、二甲苯、正乙烷、汽油、二氯乙烷中毒等 50 余种。

5. 职业中毒有几种类型？

职业中毒可分为急性、亚急性、慢性三种类型。一是急性中毒，是指毒物一次或短时间内（几分钟或数小时）大量进入人体后所引起的中毒。如急性苯中毒等。二是慢性中毒，是指毒物少量长期进入人体后所引起的中毒。如慢性铅中毒等。三是亚急性中毒，发病情况介于急性中毒和慢性中毒之间，如亚急性铅中毒。

6. 城市居民进入工作场所如何预防职业中毒？

要预防职业中毒，进入工作场所工作时，要注意做好以下防护措施：一是要提高职业病预防意识和能力。个人要积极参加职业病预防培训教育，提高自身职业病预防意识和能力。二是加强个体防护。防护口罩可有效阻止毒物从呼吸道吸收。粉尘、烟、雾等形式存在的化学物可选用机械过滤式纱布口罩；气体、蒸汽形式存在的化学物则可选用化学过滤式防毒口罩。防护服装、防护手套和防护眼镜可以防止腐蚀性毒物对皮肤、黏膜的直接损害，还可以防止毒物经皮肤黏膜吸收。三是要注意个人卫生。上班时，个人要养成良好的卫生习惯，尽量不在车间饮水、进食、吸烟，要勤洗手。下班后更衣、沐浴可减少职业中毒的发生机会。四是个人要加强营养，增强体质也可防止中毒发生。

7. 什么是食物中毒?

食物中毒是人由于吃了某种有毒食物引起的急性中毒性疾病。食物中毒可分为细菌性食物中毒和非细菌性食物中毒，其中非细菌性食物中毒又包括有毒动植物中毒、化学性食物中毒、真菌性食物中毒。

8. 城市居民如何预防食物中毒?

对于广大城市居民来说，预防食物中毒建议采取如下措施：一是不吃变质、腐烂的食品。二是不吃被有害化学物质或放射性物质污染的食品。三是最好不生吃海鲜、河鲜、肉类。四是生、熟食品应该分开放置。五是切过生食的菜刀、菜板不能用来切熟食。六是不食用病死的家禽肉、牲畜肉。七是采购食品及食品原料时，要选择有检验证明的产品；选购包装好的食品时，要注意包装上的有效日期、生产日期及要求保存环境。挑选食品，要选择新鲜、无变质的。挑选海鲜时，最好选择活的。采购的肉类、水产品及其半成品等若不能及时加工处理，应进行冷冻保存。八是做凉拌菜一定要洗净消毒，最好不要吃隔顿凉拌菜。一些剩饭、剩菜经加热后仍有引起食物中毒的危险，常温下保存时间不得太久。九是冰箱里存放的食物应尽快吃完。冷冻的食品如果超

过 3 个月最好不要食用。十是勤打扫家居卫生，厨房要保持良好的清洁卫生；消灭苍蝇、蟑螂等细菌的传播媒介。十一是清洗蔬菜水果时，最好先用水浸泡，再仔细清洗。十二是加工食品时，要保持良好个人卫生，洗手后加工熟食品。十三是家中有毒、有害物品要妥善保管，防止误食误用。十四是不要采食野外不认识的蘑菇、野菜和野果。十五是选择有卫生许可证的餐厅就餐，尽量不去无证的摊点饮食。十六是不能食用发芽土豆及霉变玉米面。十七是餐饮具必须清洗干净才能使用，有条件的居民最好消毒后使用。

9. 城市居民如何预防流感？

流感是常见的病毒性传染病，没有特效的治疗手段，因此预防非常重要。主要预防措施：一是保持良好的个人及环境卫生，使用肥皂或洗手液勤洗手，不用污浊的毛巾擦手、洗脸。二是打喷嚏或咳嗽时应用手帕或纸巾掩住口鼻，避免飞沫污染他人。打喷嚏时双手接触呼吸道分泌物后应立即洗手。三是流感患者在家或外出时应佩戴口罩，以免传染他人。四是均衡饮食、适量运动、充足休息，避免过度疲劳。五是每天开窗通风数次，保持家居室内空气新鲜。六是在流感高发期，尽量不到人多拥挤、空气污浊的公共场所。七是就餐时，倡议使用公筷、公勺，防止交叉感染。八是有条件的，在流感流行季节前接种流感疫苗，可以减少感染的机会或减轻流感症状。

10. 如何预防新型冠状病毒？

新型冠状病毒是一种流行性传染病。要预防新型冠状病毒感染，城市居民要严格按照政府的要求做好防控工作。新型冠状病毒流行期间要做到：一是尽量减少外出活动。减少走亲访友和聚餐，减少到人员密集的公共场所活动，尤其是尽量少去相对封闭、空气流动性差的场所，例如公共浴池、商场、车站、机场、码头等。二是要做好个人防护和手卫生。从公共场所返回、咳嗽手捂之后、饭前便后，用洗手液或香皂勤洗手，不具备洗手条件的可使用免洗手消毒液进行局部消毒，随时保持手卫生。家庭要置办体温计、口罩、家用消毒用品等物品备用。三是要保持良好的生活习惯。居室要整洁，勤开窗、勤通风、勤消毒，均衡营养、平衡膳食、适度运动、充分休息，讲究卫生，不随地吐痰。四是主动做好个人与家庭成员的健康监测，发热时要自觉、主动测量体温，必要时完善核酸检测，做到早诊断，早处置。五是家人若出现发热、咳嗽、咽痛、胸闷、呼吸困难、乏力、恶心呕吐、腹泻、结膜炎、肌肉酸痛等可疑症状，应根据病情及时送医院就诊。六是外出旅行时，需事先要通过各种渠道了解目的地是否为疾病流行地区。不建议前往疫情严重的国家和地区。如必须前往疾病流行地区，应事先配备口罩、便携式免洗手消毒液、体温计等必要物品，必要时要提前接种新冠疫苗。七是外出时，特别是乘坐公共交通工具和前往超市、餐馆等公共聚集场所时，要佩戴口罩，尽量减少与他人的近距离接触。八是出现可疑症状需就诊时，应佩戴口罩（可选用医用外科口罩），尽量避免乘坐地铁、公交车等交通工具前往医院。就诊时，应如实、主动告知医务人员最近旅行、居住史，以及与他人的接触情况，积极配合医疗机构开展调查。九是居家隔离人员要采取居家隔离医学观察，相对独立居住，尽可能减少与共同居住人员的接触，做好清洁与消毒工作，避免交叉感染。不得与家属共用任何可能导致间接接触感染的物品，包括牙刷、餐具、食物、饮料、毛巾及床上用品等。观察期间不得外出，如果必须外出，需经医学观察管理人员评估和批准，并要佩戴医用外科口罩，避免去人群密集场所，防止感染他人。十是外出就餐时，倡议使用公筷公勺，防止交叉感染。

第十五章　城市居民燃放烟花爆竹
安全应急常识

　　烟花爆竹是一种易燃易爆危险物品，在生产、销售、储存、燃放过程中稍有不慎，极易发生爆炸引发人身伤亡事故。因此，我国把烟花爆竹列入民用爆炸物品管理范畴，生产、批发、零售都要申领许可证，一些城市禁止燃放烟花爆竹。近年来，烟花爆竹生产、燃放等事故时有发生。2010 年 2 月 26 日，广东省普宁市某居民燃放爆竹时，不慎发生事故，造成 22 人死亡、48 人受伤。因此，为了防范烟花爆竹事故，学习、了解、掌握烟花爆竹基本安全常识，保障自身和财产安全，对居民朋友来说十分必要。

1. 烟花爆竹是什么？

　　我国生产、燃放烟花爆竹已有 1000 多年历史。烟花爆竹是以氯酸钾等烟火药为主要原料制成，引燃后通过燃烧或爆炸，产生光、声、色、形、烟、雾等多姿多彩的动态效果的一种火工产品。烟花爆竹是我国传统的工艺品，是大型庆典、逢年过节、婚丧喜庆活动中的消耗品，也是深受广大居民喜爱的娱乐产品。

2. 我国烟花爆竹产品如何分类？

　　我国将烟花爆竹分为 A、B、C、D 四个等级。根据产品的结

构和燃放的定义形式分为 14 类：喷花类、旋转类、升空类、旋转升空类、吐珠类、线香类、烟雾类、造型玩具类、摩擦类、小礼花类、礼花弹类、架子烟花类、爆竹类、组合烟花类。

3. 烟花爆竹买卖有何规定？

为确保安全，我国在烟花爆竹生产、经营、销售、运输、燃放等环节有严格规定，并将烟花爆竹列入民用爆炸物品范畴。因此，广大城市居民批发销售、购买烟花爆竹要严格执行《烟花爆竹安全管理条例》等法规的有关规定。政府对烟花爆竹生产、经营实行严格的许可证管理。销售烟花爆竹要持有《烟花爆竹经营（零售）许可证》，无证经营（零售）烟花爆竹是违法行为。

4. 广大城市居民购买烟花爆竹时，要注意哪些问题？

为确保燃放安全，广大城市居民购买烟花爆竹时要注意以下几点：一是购买烟花爆竹时，要到持有《烟花爆竹经营（零售）许可证》的公司、商店购买，千万不要购买没有经营（零售）许可证公司、商店非法经营的产品；二是选购烟花爆竹产品类别时，应根据自己的年龄、燃放场地等因素合理选购烟花爆竹产品，一般选购药量相对较少的 B、C、D 级产品；三是购买烟花爆竹时，要注意烟花爆竹产品标志是否完整、清晰，有无正规的厂名、厂址，有无警示语、燃放说明、燃放方法、燃放过程中的注意事项。四是选购 A 级产品时，需请专业人员燃放。

5. 运输、储存烟花爆竹过程中要注意哪些安全规定?

按照国家有关规定：经由道路运输烟花爆竹的，应当经公安部门许可。经由铁路、水路、航空运输烟花爆竹的，需依照铁路、水路、航空运输安全管理的有关法律、法规、规章的规定执行。

居民储存烟花爆竹时要注意安全。居民家庭不要大量储存烟花爆竹，如需储存，要短时间、少量储存，不要长期储存。烟花爆竹不要放在潮湿的地方，不要靠近火源，否则极易导致事故的发生。

6. 燃放烟花爆竹时，燃放地点有何规定?

我国一些城市禁止燃放烟花爆竹。没有禁止燃放的城市，根据《烟花爆竹安全管理条例》规定，下列地点禁止燃放烟花爆竹：一是文物保护单位；二是车站、码头、飞机场等交通枢纽以及铁路线路安全保护区内；三是易燃易爆物品生产、储存单位；四是输、变电设施安全保护区内；五是医疗机构、幼儿园、中小学校、敬老院；六是山林、草原等重点防火区；七是县级以上地方人民政府规定的禁止燃放烟花爆竹的其他地点。

7. 举办焰火晚会要遵守哪些规定?

国家规定，举办焰火晚会以及其他大型焰火燃放活动，应当按照举办的时间、地点、环境、活动性质、规模以及燃放烟花爆竹的种类、规格和数量确定危险等级，实行分级管理。申请举办焰火晚会以及其他大型焰火燃放活动，主办单位应当按照分级管理的规定，向有关人民政府公安部门提出申请。焰火晚会以及其

他大型焰火燃放活动燃放作业单位和作业人员，应当按照焰火燃放安全规程和经许可的燃放作业方案进行燃放作业。

8. 烟花爆竹燃放如何分级？

为了确保烟花爆竹燃放安全，防止发生燃放安全事故，烟花爆竹燃放分级规定如下：

A 级：适应于专业燃放人员燃放，是在特定条件下燃放产品。

B 级：适应于室外大的开放空间燃放的产品。按照燃放说明书燃放时，距离产品及其燃放轨迹 25 米以上的人或财产不应受到伤害。

C级：适应于室外相对开放的空间燃放的产品。按照燃放说明燃放时，距离产品及其燃放轨迹5米以上的人或财产不应受到伤害。对于手持类产品，手持者不应受到伤害。

D级：适应于近距离燃放。按照燃放说明燃放时，距离产品及其燃放轨迹1米以上的人或财产不应受到伤害。

城市居民在燃放烟花爆竹时，应严格遵守上述规定，避免发生烟花爆竹燃放事故，确保自身及他人生命和财产安全。

9. 城市居民如何燃放烟花爆竹比较安全？

城市居民燃放烟花爆竹时，要选择合适的烟花爆竹燃放地点，采取正确的方法燃放，否则可能会伤人或引发火灾。燃放烟花爆竹要做到以下几点：一是燃放烟花爆竹除了要遵守国家规定，还要遵守当地县级以上人民政府有关燃放烟花爆竹的规定；二是燃放烟花爆竹时，要在政府划定的地方，选择室外、宽敞、无障碍的场地安全燃放，并在上风向燃放和观赏，千万不要在室内燃放；三是不能在楼群燃放烟花，不要向车辆、行人发射、投放，不要将烟花的喷射口对准他人窗口，不要在楼上的窗口、阳台、平台上燃放，防止伤及他人或火星下落后引起火灾；四是燃放前要仔细阅读燃放说明，摆放的烟花爆竹要平稳牢固；五是烟花不可倒置燃放；六是酒后或精神状态不佳时，不要燃放烟花爆竹；七是燃放过程中如出现熄火等异常情况，不要马上靠近，不要过近探头、用眼睛去看，应等待足够长的时间并确认已灭后再做处理；八是不燃放非法生产或违禁品种的烟花爆竹。

居民安全应急常识手册（城市版）

10. 燃放烟花爆竹时，如何防止儿童受到伤害？

节日期间，儿童因燃放烟花爆竹受到伤害（如伤眼、伤手）的事故时有发生。因此，燃放烟花爆竹时，大人要保护儿童的安全，不要让儿童受伤害。具体要做到以下几点：一是要加强安全教育，提高儿童的安全意识，嘱咐孩子远离燃放烟花爆竹的人群和场所，告诉儿童燃放烟花爆竹时不要伤害到自己，也不要伤害到别人；二是大人放烟花爆竹的时候，儿童尽可能远离危险区域；三是给儿童玩的烟花爆竹威力要适当，不能过大，尽可能在家长监护下一起燃放烟花爆竹。

11. 未经许可生产、经营、运输烟花爆竹，会受到什么处罚？

国家规定，对未经许可生产、经营烟花爆竹制品，或者向未取得烟花爆竹安全生产许可的单位或者个人销售黑火药、烟火药、引火线的，将会被有关部门责令停止非法生产、经营活动，被处2万元以上10万元以下的罚款，并没收非法生产、经营的物品及违法所得。对未经许可经由道路运输烟花爆竹的，将会被公安部门责令停止非法运输活动，处1万元以上5万元以下的罚款，并没收非法运输的物品及违法所得。非法生产、经营、运输烟花爆竹，构成违反治安管理行为的，依法给予治安管理处罚；构成犯罪的，依法追究刑事责任。

12. 销售非法生产、经营的烟花爆竹，或者销售按照国家标准规定应由专业燃放人员燃放的烟花爆竹，将会受到什么处罚？

根据国家有关规定，从事烟花爆竹零售的经营者销售非法生

114

产、经营的烟花爆竹，或者销售按照国家标准规定应由专业燃放人员燃放的烟花爆竹的，由有关部门责令停止违法行为，处 1000 元以上 5000 元以下的罚款，并没收非法经营的物品及违法所得；情节严重的，吊销烟花爆竹经营许可证。

13. 携带烟花爆竹搭乘公共交通工具，或者邮寄烟花爆竹，以及在托运的行李、包裹、邮件中夹带烟花爆竹，会受到什么处罚？

国家规定，对携带烟花爆竹搭乘公共交通工具，或者邮寄烟花爆竹以及在托运的行李、包裹、邮件中夹带烟花爆竹的，由有关部门没收非法携带、邮寄、夹带的烟花爆竹，可以并处 200 元以上 1000 元以下的罚款。

14. 城市居民在禁止燃放烟花爆竹的时间、地点燃放烟花爆竹将会受到什么处罚？

在禁止燃放烟花爆竹的时间、地点燃放烟花爆竹，或者以危害公共安全和人身、财产安全的方式燃放烟花爆竹的，由有关部门责令停止燃放，处 100 元以上 500 元以下的罚款；构成违反《中华人民共和国治安管理处罚法》行为的，依法给予治安管理处罚。

附录 1

城市居民常用安全应急电话

报警电话：110

火警电话：119

医疗救护电话：120

交通事故报警电话：122

水上求救专用电话：12395

森林防火报警电话：12119

全国统一安全生产举报投诉特服电话：12350

号码查询客服电话：114

天气预报查询电话：12121

附录 2

城市居民必备安全应急常用物品

1. 应急食品：干粮（方便面、饼干、罐头食品等）、饮用水（矿泉水、纯净水、蒸馏水等瓶装水）。

2. 常用灭火器材：家用灭火器。

3. 应急逃生用品：逃生绳、毛巾、应急手电筒（含备用电池）、火柴、可以发出求救信号的哨子等。

4. 应急医用器材：防护口罩、医用棉球、酒精、止血贴、血压计、体温计、医用胶布、免洗抑菌洗手液等。

5. 常用应急药品：外用药，如红药水、碘酒、外用消炎药、万花油等；内服用药，如硝酸甘油片、救心丹、安宫牛黄丸、感冒药、退热片、止痛药、保济丸、黄连素、止泻药等。

参考文献

1. 中安华邦（北京）安全生产技术研究院. 家庭安全知识手册［M］. 北京：团结出版社，2018.

2. 郑大玮. 农村生活安全基本知识［M］. 北京：中国劳动社会保障出版社，2011.

3. 国家统计局. 中华人民共和国2019年国民经济和社会发展统计公报［R］. 2020.

4. 华安波瑞达. 道路交通安全知识普及百问百答［M］. 北京：中国环境科学出版社，2010.

5. 华安波瑞达. 电气安全知识普及百问百答［M］. 北京：中国环境科学出版社，2010.

6. 《防灾应急避险手册》编写组. 防灾应急避险手册［M］. 福州：福建科学技术出版社，2008.

7. 郑大玮，姜会飞. 农村生活安全与减灾技术［M］. 北京：化学工业出版社，2009.

8. 徐志胜. 防火防爆安全知识问答［M］. 2版. 北京：中国劳动社会保障出版社，2008.

9. 刘佳. 防火安全实用手册［M］. 2版. 北京：中国法制出版社，2009.

10. 孙云晓. 关爱明天：中小学生自我保护安全手册［M］. 北京：新华出版社，2006.

11. 华安波瑞达. 消防安全知识普及百问百答［M］. 北京：中国环境科学出版社，2010.

12. 李旭. 我的安全我做主：个人安全读本［M］. 北京：清华大学出版社，2014.

13. 石志勇，张静，何剑. 最新社区居民安全防范手册［M］. 北京：群众出版社，2015.

14. 杨丽. 1001 居家安全生活妙招［M］. 北京：中华工商联合出版社，2013.

15. 陶红亮. 居家安全不可不知的 100 件事［M］. 北京：化学工业出版社，2014.

16. 瀚鼎文化工作室. 百科图解城市安全自救指南［M］. 北京：航空工业出版社，2016.

后 记

　　编者在编写、审读本书的过程中，得到了陈国华教授（华南理工大学）、庄益群教授（中山大学）、庄最新主任医师（南方医科大学口腔医院、广东省口腔医院）、李宁副教授（广东省委党校、广东行政学院）、郑中文医生（广东省人民医院）等专家学者的真诚指导和大力支持，还得到了曾文伟高级工程师、龚斌、李海红、谭猛等挚友、同学的大力支持。这些专家、学者、挚友、同学，他们有的是应急管理、安全生产行业领域的专家，有的是航空、海事、地铁、交通等行业领域的专家，还有的是医疗卫生、地质工程、教育等行业领域的专家。他们为本书的编辑、审稿、校对等环节做出了无私的奉献，同时提出了十分宝贵的意见和建议。中山大学出版社的编辑十分认真、专业，为本书付出了辛勤的劳动和汗水，在此表示衷心感谢！编者在编写过程中，学习、参考、吸收了前人和时贤的高见，并得到不少领导、专家、学者、挚友的指导，谨此一并致以诚挚的谢意！

　　本书在出版、发行过程中，得到了笔者家乡广东省揭西县上砂庄氏乡贤、宗亲庄健民、庄昌华、庄仕朴、庄永通、庄军元、庄秉益和广州市中咖兴贸易有限公司庄娘度等的鼎力支持，在此表示衷心感谢！

本书从 2015 年策划到定稿，经历了 6 年多时间，其间历经多次修改，数易其稿。尽管如此，由于编者水平和时间所限，本书难免存在错漏和不足之处，恳请广大专家、学者和读者不吝赐教，以便修订再版时改正。

编者

2021 年 2 月 22 日